U0031993

千萬講師的
百萬課程系列
Courses Worth Millions

千萬講師的
百萬課程系列
Courses Worth Millions

千萬講師的百萬課程系列
Courses Worth Millions

千萬講師的
百萬課程系列
Courses Worth Millions

《商業周刊》《蘋果日報》
專欄作者
謝文憲

教出好幫手

想當好主管，
先學會教人

TEACH TO BE A GOOD HELPER

心想事成行動力，
口語表達影響力，
你我教出好幫手，
職場人生兩得意。

最具影響力的職場訓練大師　謝文憲（憲哥），
永遠是您在職場的心靈捕手，
公眾表達與工作教導的良師益友。

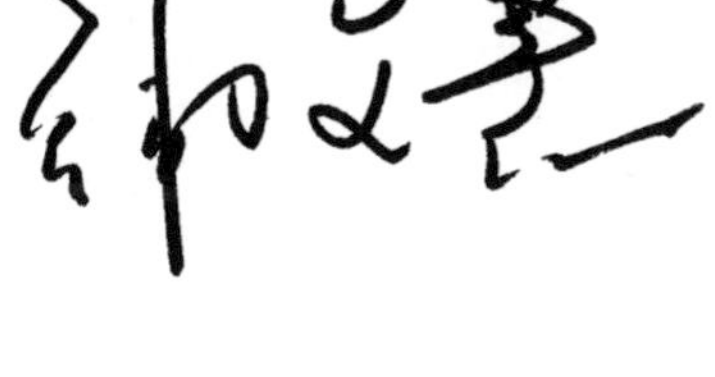

總編輯的話

一位最認真的作者，一本最受用的書

楊秀真

這是憲哥的第三本書了。

二〇一二年，當時春光也不過跟憲哥認識一年多，卻在短短的時間裡，出版了他個人的第三本書！

以長期經營本土勵志書的經驗來看，這實在是非常難得一見的情況。憲哥是我遇過配合度最高的作者（真的，連我們編輯都這麼說——憲哥自己也這麼認為）。無論出版社提出任何要求與想法，憲哥永遠第一時間回應，而且，通常都能回答我們的問題、達成我們的要求。

我認為，這是因為憲哥身上有一種神奇的魔力，讓接觸過他的人，不自覺地願意幫他做事、為他盡心盡力，以致於不管是他的講師事業，或者是出書，甚至是研究所課程，身邊都有不少人跟他一起努力達成目標……越講越可怕，似乎把憲哥說成巫師了（笑）。

根據我的觀察，我認為憲哥最特別的地方，是在團隊中適當地轉換自己的角色。

有時候，他扮演團隊的leader，提供專業的建議與個人的資源讓團隊運作；有時候，他又成為團隊裡的member，盡心達成擬定的策略與目標。

無論是哪一種，不變的是他永遠有極高的向心力。當我們的要求讓他有些為難時，他會先問：「如果我做了，會對這整個情況有幫助嗎？」只要我們說有，他就二話不說全力配合。如此情況下，出版社團隊便不自覺地被激勵、引導，想著「作者都竭力配合了，我們還能不努力嗎？」於是整件事情就朝著好的方向前進。過程中，他總是不吝於向團隊表達感謝。

憲哥謙虛、好學、認真、以團隊目標為優先的態度，讓我不禁想，不管是領導或被領導，都必須有正確的心態與作為，才能稱做一位真正傑出的工作者，才能締造職涯的佳績。

第三本書《教出好幫手》企劃之初，我便非常期待。因為，身為一位資深員工，在還沒有當上「主管」之前，往往已被賦予帶領新人的責任。這是公司對該員工能力的測試，也是期待，但資深員工或許表現優異，卻不見得能承擔此重責大任。

他們經常有很多的問題與困惑；過去只需要面對主管、同事，現在多了「要帶領的新進人員」，對方到底會不會聽我的？我又「憑什麼」讓他聽我的？遇到難溝通的新人，該怎麼辦？更糟糕的是，如果我帶的人一位一位都說想離職……是否都是我的錯？

凡此種種，我在職場中經歷過，也看著其他人正在其中。那是痛苦、矛盾的過程，但只要能邊做邊學，磨練自己的心志、修正行事方法，對於未來職涯幫助甚鉅。

能夠從憲哥身上再「挖」出這麼一本實用的好書，我真為我們團隊感到驕傲。也同時要向憲哥致謝：謝謝您這麼無私，貢獻出您的所知所得，讓我們在工作職場中有所成長！

（本文作者為春光出版總編輯）

推薦序

二十一世紀企業最核心的瑰寶人才

王慶瑞

身為同事與主管的我，非常喜歡與文憲相處合作。各自發展成長後，我更樂於聽聞文憲在個人影響力發揮上，點點滴滴的精采片段。根據我對文憲的了解及自己經營企業的深刻體會，我要大聲推薦像文憲這般不只是我的好幫手，更能教出好幫手的人，是二十一世紀企業經營最重要的核心人才。

我和文憲的相識，是在信義房屋。他從新人一進來的畫商圈地圖、熟悉「小池塘裡當大魚」經營哲學、到成長為全國金仲獎得主、獲選信義房屋最高榮譽「信義君子」等，都不斷證明自己的實踐價值。文憲擔任店長後，不但持續教導出後來獨當一面的人才，自己更配合公司發展需求調任新竹、桃園、中壢等不同地區的店長，可說是當時身為桃竹區主管的我，最大的支持力量。在此期間，文憲協助我及鼓舞桃竹區全體同仁在人數較少的劣勢下，帶領「熱情桃竹、活力充足」團隊，連續兩年拿下全信義房屋運動會最高榮耀的「精神總錦標」，真是又甜美又激昂的人生獎盃啊！

在大家的期待聲中，文憲出了第三本書，從《行動的力量》到《說出影響力》這兩本書，早已成為我公司所有同仁們的工具書，而《教出好幫手》更將會是我們主管最實用的成長書。很多企業口頭上都明白人才很重要，但實際做時完全沒有核心重點。我的心得關鍵在於企業內是否形塑出「學長制」或「mentor制」的實際環境，不論是培養中堅人才、甚或最高階主管，有位合適的學長前輩並樂於分享交流，絕對是成功關鍵。要「教出好幫手」這件事很艱辛，短期是很辛苦的，但是以中長期而言卻收穫豐富。文憲做這件事情的態度很清楚，他不但樂意教人，也懂得教人，把他所擁有的豐富學識經歷與養分不斷灌溉給他人，當成是人生使命般無私的奉獻，這就是文憲。

我個人在職涯發展中，曾花了兩年半讀完CEIBS中歐國際工商學院EMBA班，最大的收穫也在累積了各行各業樂於分享的mentor良師益友。甚至在校內將教授群、EMBA學長、MBA同學組成「良師益友」項目，持續讀活書做實事，成就中歐同學們更紮實的事業拓展。

文憲、大家的憲哥，我很佩服你，你整體發出來的善意非常遠大，不論家庭及事業多繁忙，你都不斷樂於分享奉獻人才培育，把「善」的力量傳達到每個角落。推薦文憲我覺得很榮幸，希望你持續下去，相信你會成為人才培育的一代宗師。

大家還記得鼓勵自己提升行動力的手環嗎？讀到這本書，趕快在自己的心態上、在公司會議上、在電腦的檔案夾上、在臉書分享上……成為企業、家庭的好幫手，並不斷教出好幫手，人生最大最亮的光芒，應該就在這裡了。

（本文作者為雙橡園開發全事業執行長）

推薦序

深刻的用心與感動

陳尚文

第一次和憲哥碰面是在二〇一二年一月份，公司邀請他來為銷售人員進行Team Building課程訓練。在過去的工作職涯中，碰過的企管顧問講師不算少數，類似那天的課程也曾上過不下數次，但那天卻讓我十分的震撼與感動。

企管顧問講師可以分成許多種不同的類型，像憲哥這一種的頗少見。他的課程內容簡單扼要，沒有運用太多高竿的專業術語包裝，在整段課程過程中，除了看到他無敵精采的說學逗唱本事，使整場不斷充滿歡樂氣氛之外，更可以感受到他的「用心」。這份用心呈現在他安排的每一個課程橋段、選用的催情音樂與畫面、還有他生活周遭的實例分享。藉由憲哥的引導，很容易可以進入課程核心，深入思考當日所學與生活／工作間的關係。這是一種「感動」，感動他的用心、感動他的認真，感動他想傳達給我們的種種。

會後公司所有參與訓練的銷售人員告訴我，上完憲哥的課，已重新燃起對生活與工作的熱情，也決定讓自己更投入。無形中，憲哥影響了許多人，讓他們重新檢視自己的價值，更勇敢地邁向追求自己的人生與事業目標。

恭喜憲哥又要推出新書了！在繁忙的課程邀約與安排中，妥善規劃邁向自己出書的目標。這是一本教導老鳥如何有效帶領菜鳥的書，結合了憲哥過去職場與人生的智慧，相信必定如同憲哥的課一樣，讓閱讀者有著滿滿的學習與感動。

祝福憲哥！

（本文作者為前 Fossil Taiwan 董事總經理）

推薦短文

幫助新人等於提昇自己，在人際網絡中發揮影響力、建立默契十足的團隊。就跟著憲哥的腳步，一起來帶領新人吧！

采盟股份有限公司董事長　古素琴

憲哥最能幹的本事，是讓聽過他講話的朋友給自己機會改變自己，並且自發性的尋找最適合自己的方式改變。I like it.

中原大學助理教授　曲祉寧

憲哥像永遠充滿電的電池，能量源自對目標的確定、對人的熱情。透過文字和演說，這能量源源不絕地傳遞著。

中央廣播電台節目製作主持人　朱家綺

帶領新人融入工作團隊，建立歸屬感，是一件很重要的事。感謝憲哥告訴我們如何教出好幫手。

中原大學商學院副院長　胡宜中

在這個競爭又充滿創意的年代，人對了事情就對了，把璞玉琢磨成好人才，真的不容易。做一個好教練好主管，就必須有方法、有眼光、有手段，憲哥這本書，提供了我們最佳的學習方向。

環宇廣播電台總經理　洪家駿

儘管家中後院藏滿金銀珠寶，如不經挖掘之努力，也無法致富！文憲利用深入淺出、垂手可得的例子來引領，在職場中，不論您是新手或老鳥，本書值得您細細品味！

台達電子人力資源處處長　許德明

憲哥在講台上，傳承成功經驗與專業能力；在平日生活中，提攜後輩與傳遞人生價值；帶領企業，強化輔導員能力與建構學員正確態度。教出好幫手，憲哥將是最佳代言人。

盟亞企管副總經理　黃嘉琪

憲哥在光寶的「執行力」課程，多次總課評拿到一百分，至今無人能及。憲哥的書跟他的課一樣，生動有趣、令人感動，深入淺出，易於「行動」，激勵人心，「影響」深遠。

中華人資協會常務理事／卓越執行企管顧問　莊仁山

憲哥每個訓練的章節，都是他走過的實戰軌跡，用他充滿熱情的態度與追求卓越的行動，深深touch每位學員！

看見管理顧問課程總監　陳貞吟

自序

在職場，不是自己多成功，而是你幫助了多少人成功

人生太短，我們不能歷經所有失敗，所以盡量吸收別人的經驗讓自己更壯大，尤其是失敗經驗。

我在職場奮戰二十一年，歷經電子、房仲、金融、科技與企管顧問五大產業，扮演過人資、採購、業務、業務主管以及講師五種角色，每個行業都有輝煌戰績，每個角色都全力扮演。很多人問我，憲哥一直出書，難道不怕把自己的know how被別人學光嗎？我通常會心一笑，直言：「在職場裡，不是自己多成功，而是我們幫助了多少人成功。」敝帚自珍的結果是，公司無法成長，經驗不能傳承，能力成長受限，轉換跑道受阻。我希望自己能以身作則，將我的教導技巧完整公開；一方面幫助職場工作者教出身旁好幫手，二方面也幫助正在閱讀此書的你，獲取擴張絕佳版圖的能力。

回顧職場的打拼時期，你我都應有同樣感覺；與同事相處的時間肯

定比與家人相處的時間多。如何與同事形成良好關係、建構互相成長的ＢＵＤＤＹ默契，打造師徒學習環境、建立執行力超強的無敵團隊，在在都靠經驗與智慧的傳承。在此同時，文憲在民國九十九年到一〇一年的兩年間，除了積極就讀中原ＥＭＢＡ課程與辛苦撰寫論文外，並已成功出版了《行動的力量》、《說出影響力》、《故事的力量》以及《千萬講師的百萬簡報課》四個暢銷作品。一本初衷是希望能將自己所學，無私的奉獻給社會大眾，讓大家都能一睹我的成功與失敗經驗；讓學員及讀者更壯大，讓你在職場中，能充滿勇氣及力量繼續向前行。

套一句特力屋零售學院許協理最近跟我說的話：「持續和憲哥合作，是因為您的感染力，每每讓學員重新燃起工作熱情，這是其他講師做不到的。」我知道我的授課威力無比，但是持續滿檔上課終究不是辦法，況且中小企業的職場工作者，不可能有機會上到我的課，故此，出版暢銷書籍成為我的社會責任。

在此特別感謝特力屋與寶雅生活館的長官及學員們，這六年，是您們讓憲哥變得更強；謝謝所有推薦本書的名人與平凡人，謝謝所有默默支持我的家人及好朋友們，尤其謝謝我的父母與求學時期的所有老師們，謝謝您們教出這麼好的我。

國父說：「一件事，從頭到尾徹底完成，就是大事。」兩年來的這幾件大事，我將與你們共同分享。教出好幫手，將是職場中本我、夥伴、團隊及公司向上提升的最佳閱讀書籍。

Part 2 前輩好好教，新人才會好好學

Part 3 過去不等於未來，很會做不等於很會教

Part 4 讓帶新人成為提升影響力的跳板

Part 5 帶好新人創造雙贏團隊

Part 6 企業有創造「好前輩環境」的責任

破題

每個人都不會永遠是菜鳥，你的職涯規畫是什麼？

相信大部分的人都和我一樣，從離開學校、求職面試開始，就投入了第一份工作。無論我們過去在學校裡學到了什麼，進入職場以後，似乎都不一定能立即派上用場。大多數的人，都是在前輩的帶領下，一點一點地進步；從茫然陌生到能獨立作業，才開始有職場人的樣子。

雛鳥高飛前的學習期

可是，第一份工作的報酬與回饋，漸漸無法滿足我們的需求，於是，往上爬的念頭即開始漸漸成型。我們想像前輩一樣優秀，應付各種工作上的問題；我們也想像主管一樣，擁有職銜帶來影響力；我們更想像老闆一樣，成為一位不管在財富或名聲地位都有份量的人。

這應該是每一位剛踏入職場的新人都會有的心聲。新人知道自己是菜鳥，就算自信滿滿也一定會在工作過程中遭受打擊，看見自己的不足。只要新人把握每一天、每一份工作挑戰去不斷學習，他終究能夠成為領域裡能獨當一面的專業達人，獲得他心目中的理想目標。

很多人會感謝給他們第一份工作的人，也會感謝曾經在工作上悉心教導他、帶領他的人。因為，沒有當時的機會、沒有當時的引導和陪伴，自己可能會在遭遇失敗時就選擇放棄。

試用期間，甚至是剛開始工作的前幾年，我們都還像生嫩的幼雛一樣，不懂工作技巧、不了解職業倫理、不明白產業動向、不清楚領域規模……。唯有經過培訓、指導、學習，才會漸漸成為「那一行」的人。

很多新人在踏入職場的當下，甚至還不知道自己是不是真的想做這一行。能穩定留下來的，原因多半有三：1.他在該領域有未來發展性、2.企業環境良好。但最重要的，是**3.公司裡有讓他們敬佩和想學習的好前輩**。

成功的三個關鍵要素

一般來說，個人成功的要素有三個：百分之五十來自於自己的努力，百分之三十來自於環境，而百分之二十來自於有沒有可參考的典範。新人只要跨過第一步，通過試用期，就等於得到一張可以每天工作、定時領錢的保單，至於工作內所得到的種種學習，可以視為複利滾來的附加價值，幾乎每位新人都會努力地自我投資。

如果說新人在起步時能夠得到主管和資深前輩的協助與支持，他們會比較容易過關，踏出成功的第一步。

「我那時候因為工作還不熟，結果犯了一個錯誤，真的很懊惱，還好那時候帶我的前輩幫我一起處理，問題才順利解決。」

「那一次真的被主管罵得很慘，但是前輩安慰我不要放棄，他還請我喝咖啡，我遇到什麼困難也會跟他講，真的很謝謝他。現在回想起來，當時幸好有他，不然也沒有今天的我了……」

對許多新人而言，同部門裡的資深前輩沒有主管的架子，卻有許多寶貴的經驗，更是幫助他們度過青澀期的重要幫手。

我一直到現在都記得剛進信義房屋時，蘇店長送給我的床墊，感謝他讓離鄉背井的我能住在店裡，專心衝刺業績。也記得剛進安捷倫的時候，同單位、也是坐在旁邊的同事Eva和我一起吃的第一頓飯；更記得主動聯繫我、親自面試，讓我能夠得到第一份工作的人力資源部主管。

也許你也和我一樣，在不斷自我努力的過程中，受到一位又一位貴人有形和無形的協助，得以漸漸脫去新人模樣，變身專業的職場人。

然而，人生很長，工作也不光只是一年、兩年的事，在這麼長的職場生涯中，你希望自己一直停留在第一份工作和職位上，直到退休嗎？

每個人都不會永遠是菜鳥。

你對自己的職涯規畫是什麼？你希望自己未來有何成就？你期待人生能夠活得何等精采？

想成功，除了要努力，也要有助力；帶好新人可讓你多位好幫手。在沒有職銜壓力下多多學習領導和管理訣竅，加強核心能力，為你築起踏腳向上的石階，一步步往上爬。

在這本書中，我用上千場、超過六千五百小時的授課經驗，告訴你帶領新人和領導團隊的訣竅，希望幫助想要在職場內積極爬升的你，達到事半功倍的效果。

PART 1

想成功，你需要好夥伴

01

想升職，帶新人是被器重的契機點

當主管開始要你帶新人的時候，同時也是在訓練你。透過實際的工作命令，要求你增加新的工作內容，讓你不得不離開舒適圈，去進行原本不熟悉或沒接觸過的事務。這等於是在提點你：如果想再上一層樓，還該具備哪些能力？

老闆指派我帶新人該怎麼辦？

我在上管理類的課程時，曾經用以下列點，請學員自我評估一下自己正處於哪個階段。想一想當下該扮演好什麼樣的角色？以及該做好什麼事？

職場人應具備的重要思維

・新進同仁：少「不」，多「是」，學成長。

- 基層主管：少「說」，多「聽」，學講重點。
- 中階主管：少「我」，多「你」，學雅量。
- 高階主管：少「舊」，多「新」，學創新。
- 企業老闆：少「會」，多「聽」，學謙虛。

我想你一定發現了，在這幾點裡，沒有提到不是主管的資深員工。他們通常在同一個崗位上擁有三年以上的年資、沒有主管的職銜、擁有嫻熟的工作經驗，甚至很有解決問題的能力。

這群人，照理說應該很有被拔擢的可能，但不是沒被主管看到，就是自己喜歡安穩的現狀。如果你是前者，當主管把新人交給你帶時，就應該好好把握，展現自己帶人的能力；如果是後者，當主管交代你工作以外的責任時，也不必太過煩惱，因為這是推動你向前的契機。

很多人在信中或留言中提到：

「請問憲哥，我是不是被主管盯了呀？我又沒做錯什麼事，最近主管什麼工作都丟給我，還要我去帶新人。天知道我自己的事情都做不完了，哪還有時間去帶人！」

「憲哥，我真的快要受不了了，明明我的工作份量已經是其他同事的兩倍，我竟然還要去替新來的菜鳥擦屁股，他什麼都不會又不問，事情發生了才要我去想辦法解決，我又不是萬能的，每天光是替他解決問題都不用做別的事了！」

「坦白說，我並不排斥帶新人，畢竟我自己以前也是菜鳥，可是，我真的有能力帶好他嗎？萬一主管看走眼了怎麼辦？萬一我根本就不是帶人的那塊料怎麼辦？請憲哥教教我，怎麼做才能讓新人真的學到東西？我真的很怕會『誤人子弟』！」

聽到這些苦水，我反倒很為這幾位朋友高興，因為他們其實已經成長到被主管看見、信任的階段了。

主管一來是在指派信任的員工，達成團隊前進的任務，二來也是在測試你，能不能承擔更高職位所需負的責任。所以，憲哥要建議每一位遭遇到類似處境的朋友，千萬不要因此害怕退縮而錯過這個可以被看到的好機會。

帶新人的三個好處：獲肯定、工作量減輕、準備升遷

成功沒有捷徑，你需要彎道加速；承擔原本工作之外的額外挑戰，不管是帶新人或是接到大任務，都是可以藉此拉開競爭對手差距的絕妙時機。下雨天是勇者的天下，能在下雨天仍願意全力以赴的你，是不可能永遠被埋沒的。在黎明來臨之前，或

許面對黑暗的忍受力瀕臨崩潰，但是只要再撐一下、再勇敢一點，很快就能迎接光明。

如果有人問我：「到底帶好新人這件事，對我有什麼好處？」

我的答案會是：「如果你認真帶好一個新人，你會得到三個好處：

第一個好處是**你的工作表現已經獲得相當的肯定**。任何部門的主管都不會把像白紙一樣的新人，交給一個連自己工作都做不好的人來帶。所以，今天會把新人交給你照顧，就意謂著你已經是這個職位上的熟手，主管也對你有相當的信任。

第二個好處是**減輕工作壓力**。一旦你帶好新人，整個部門的戰力一定會增加，而你在工作上也有了得力助手。不只做起事來更輕鬆，你也會更有時間、空間去學習其他的事、接受更多的挑戰。

第三個好處是，一個能帶好新人的人，**證明在管理、教導和溝通上有相當的實力**，未來部門內要提拔基層主管，你的機會必然大大提升。」

「三十五歲以前學到的東西，三十五歲以後會變成錢。」年輕的資深員工不妨藉由帶領新進同仁的機會，多多磨鍊自己的引導力、溝通力和激勵技巧等管理職需要的核心能力，未來必定更具職場競爭力。

所以，如果有一天，主管和你說：「這位新來的同事，我叫他有什麼不懂的可以去問你，以後你多幫他一下。」

請自信滿滿的回答：「**好的，我會接受這個任務，並且盡我的能力去做好。**」

祝福你，勇敢跨越舒適圈，成功邁向自我突破的下一步。

02

少一位敵人，多一位朋友

「成功需要貴人，工作需要朋友。」有研究指出，在工作上有好朋友的人，他們投入工作的熱情比其他人高出七倍；而且職場內的友誼有助於改善員工對工作的滿足感和成就感。

同事是比家人相處時間還長的人

的確，如果你仔細計算過每天與人相處、互動的時間，會發現共處時間最長的，不是你的家人、另一半或小孩，而是坐在你身邊、和你處在同一個工作環境裡的同事。特別是工作比較靜態或是環境比較固定的人，一定更有感觸。

既然我們和同事互動這麼頻繁，共處時間這麼長，距離這麼靠近，如果彼此之間關係不好，那豈不是每天上班八小時都如坐針氈，痛苦極了。根據調查，「人際關係」問題，是很多職場者離職真正的原因。

當然，也有人說：「公司是請你來工作，不是請你來交朋友的，你只要做好自己的事就好了。」但是，無法否認的，在職場內如果人際關係融洽，不管做人或做事，都會輕鬆很多。因為光是有人能夠支持你，跟你一起努力，這種夥伴情誼就可以激發不少鬥志，堅持下去了。

像我剛被調任到信義房屋新竹北大店擔任店長時，第一季就沒能達成目標，還被公司通知要到五股八里觀音山去爬硬漢嶺；當時的低潮，現在再怎麼說也感受不到那時的十分之一。

那時候新竹一共有三家店：北大店、南大店、園區店。有一段時間，北大店的人事異動非常大，突然陷入離職潮的狀況，不只人手不足、業績下滑，連店內士氣也相當低落。

照理說，副理應該要責備擔任店長的我說：「文憲，你的店裡的人員流失這麼多，你要檢討！」

但是，當時出身北大店的副理卻認為，任何一家店很差或特別差，對於整個團隊來說，都會有損失。於是他把這個問題視為整個新竹區層級的問題，會同區裡三家分店來共同處理。最後，決定分別從南大店和園區店各調一個人到北大店來支援。

如果當時我們三家店是處於敵對立場，或是店長彼此有嫌隙，其他兩位店長大可以調派店裡最沒戰力的人來交差了事；但是他們卻各別調店裡一名優秀業務給我，讓我之前原本岌岌可危的業績，稍稍有了一點起色。

直到今天，我都很感激這兩位資深店長，願意把我這位菜鳥店長的事當成自己的事。因為，我們除了是同事，也是戰友。

一位進公司兩年就奪下最高榮譽「信義君子」頭銜的TOP業務員，很快地就被升為店長，看似風光的我，卻一調到新竹就慘遭滑鐵盧。我常在想，如果那時無論是主管或同事都站在一旁等著看我笑話，不拉我一把，我是不是會就此提早離開房仲業，也無法有後來一連串的際遇呢？

好前輩勝過好主管

進入社會這麼多年，一路上遇到許多朋友互相扶持，讓我體會到，職場裡真的是寧願「少一個敵人、多一個朋友」。保持良好的人際關係，好好妥善經營，是職場工作者保障職涯順遂的重要條件。

同事關係，說穿了，不外乎這幾種：上司、夥伴、競爭對手。可是，當中只有一種關係，他得聽你的、需要你協助，要由你來決定兩人之間的關係，就是**你所帶領的「新人」**。

在網路上我們常可以看到許多諷刺「菜鳥」和「老鳥」關係的圖文，往往是「菜鳥」甚麼都不懂，「老鳥」卻頤指氣使的指揮他們。這樣「既定」的印象其實值得職場工作者深思。

所謂「投桃報李」。人與人之間，你對我好，我也會對你好。一旦你和新人之間的關係和諧，你是新人值得信賴的好前輩，未來你們成為同事時，也必然能夠延續好關係；如此一來，你等於是為自己選擇了關係良好的工作夥伴，何樂而不為？

一位好前輩，對於新人而言，有時候影響力甚至大過主管。因為新人剛到一個新環境，不管他多麼優秀，一開始一定會先放低姿態，先了解這個環境的狀況。更不用說，許多人在剛剛步入職場的時候，明明在學校裡學了很多知識，卻一點都不知道那些知識將會如何運用在將來的工作上。

這個時候，倘若有一位好前輩在工作技巧上教導他，在他挨罵沮喪的時候鼓勵他，或許就能夠讓他重新鼓起勇氣學習，願意展現熱情投入，自我成長到能獨當一面。

等到有一天，你發現自己身後「桃李滿天下」的時候，你才知道，長期累積下來的人脈資源有多驚人，也會明白原來過去一切的努力，都將會有所回饋。

03 職場影響力是一點一滴累積的

「帶新人」這件事，雖然看似沒有職位權，但是，透過每天工作職務的教導、上班時共處的機會，資深員工還是有機會發揮個人權，對新人產生影響力。專業讓你稱職，熱情讓你傑出；就算沒有光鮮的外表、攝人的頭銜，你還是有機會能累積自己的專業權和典範權，成功提升影響力。

主管需要有的能力

我之前去上課時，有人在中場休息時間問了我一個問題：「憲哥，我快三十歲了，現在還沒有擔任主管的工作，我今天看到四十三歲的你有如此的成就，激起我想向你學習的念頭。我可不可以請問你，到底在三十五歲以前，應該要具備什麼能力，才有機會晉升？」我想，這一定也是許多朋友內心的疑問。

因為，剛出社會時的我，也有想過這個問題。雖然我二十八歲就當上信義房屋的店長，但當時我每天都汲汲營營的只想達到業績。業績一沒到，內心就開始OS：「早知道就不要接店長了，這還不如做業務員來得賺錢哩！」

當時我才知道，其實當主管和員工是有所差別的。至少，主管所需的核心能力，和基層員工是截然不同的。

如果你還沒有三十歲，恭喜你，從現在起就可以開始做準備。提早把不足的能力補足，在沒有任務壓力的情況下，用比較輕鬆的方式學習，等到有一天機會來了，你就不會措手不及了。

專業知識不等於專業能力，以前學會的東西不見得在現在的工作中能派上用場。不管你現在的表現如何，一旦當上主管，你所需要的核心能力是不一樣的。一般來說，主管所需要的核心能力有三大面向：一、技術性能力，二、人際關係能力，三、概念性能力。

當然，隨著主管層級的爬升，三種能力的需求比重也會有所消長（圖1-3-1）。基層主管偏重技術面的能力。所以資深員工只要能夠有豐富嫻熟的技術能力，就有機會往基層主管晉升。

中階主管隨著管理的業務項目增加，底下各部門需要管理的人事也會增加，為了強化團隊綜效，部門間的合作也更形重要。所以中階主管要有較高的人際關係能力，

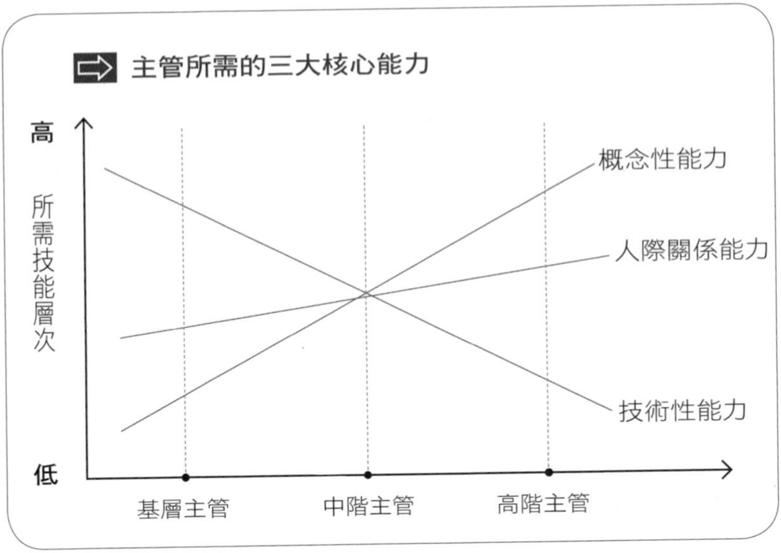

圖1-3-1

才能妥善處理各種與人有關的問題。

至於高階主管的工作，往往與整個大環境、大方向有關，要給出團隊方向與明確目標，員工部屬才能有所依循，知道該往哪裡前進。因此，高階主管最重視的就是概念性的能力，他們不用自己去執行技術，也不用去安排人事協調，而是要控制船舵，讓整艘船始終停留在正確的航道上。

只要你想要往管理職前進，這幾項主管需求的核心能力，就是你要好好把握、提早準備的功課。就算是沒有打算當主管的人，也可以透過對這幾項能力的了解，而更能理解主管的心思，成為更加稱職的助手，讓每一天的工作輕鬆勝任、游刃有餘。

人與人之間的高度影響力

人與人之間的相處，其實是互相影響的；越是具備高度影響力的人，越是有可能帶動其他人行動。因此提升自己的影響力，對於領導與管理來說，很是重要（圖1-3-2）。

從表面上來看，基層員工的影響力可能大不過老闆，因為職位權很低，好像總是「人微言輕」，沒地位就不能大聲說話。但是，在職場裡我們常常可以聽到有些大老闆很敬重或仰賴某一位生產環節裡的資深員工，因為有了他們在技術上的深厚經驗，才能讓高層想要推動的種種概念得以實現。由此可見，光是形式上的職位權，並不能確保你一直擁有影響力，反而是個人權升高，別人自然而然就會尊重你。

只要能夠認清自己的定位和價值，選擇強

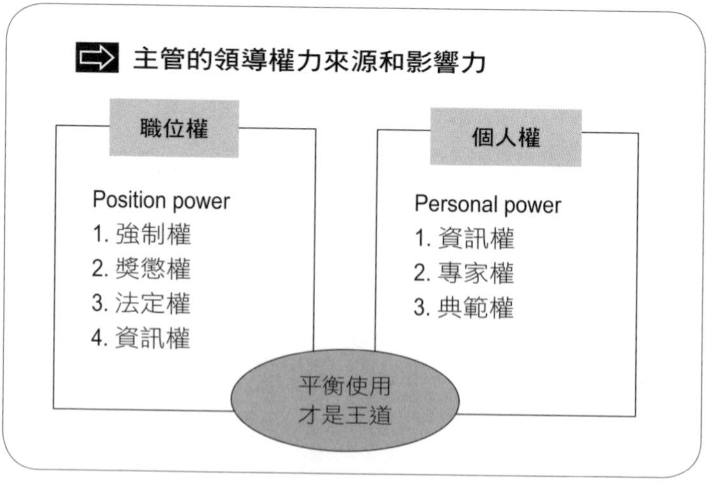

圖1-3-2

項去累積，就可以幫助我們在職場上，成為一位有影響力的人。

一般來說，在職場上的影響力來源，大概會有以下幾種：

- 正式職位
- 專業度
- 年資
- 學歷
- 說服力與溝通技巧
- 思想及價值觀
- 行為模式

從圖1-3-3和1-3-4來看，絕大部分的影響力來自於個人。當然，來自職位的影響力也一定有，但是透過職位權力來強制或是要求，往往效果比較表面。

可是，取得個人權的難度在於需要時間

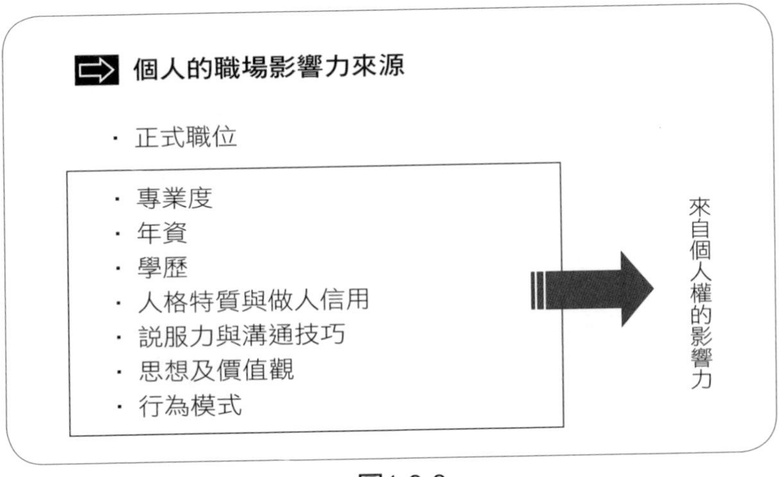

圖1-3-3

來累積，撇除掉人格特質或價值觀等等與生俱來的部分，其他都需要一點一滴去積累，才能真正發揮作用。

所以，建議大家，在三十歲以前要培養實力，不要只執著在賺錢。雖然我三十歲在信義房屋當店長時，非常努力賺錢，但那個時候我所賺的錢，都不過是小錢。而現在所賺到的，可能是當時薪水的好幾倍，這些都是影響力所帶來的回饋，更不用說隨著我個人品牌的建立，影響力所及之處更加廣泛。

因此，不如借重這段帶領新人的機會，透過教導和反覆磨鍊，一方面積極養成日後能躍升主管職的各種核心能力，一方面也一點一滴去奠基個人權的影響力，讓自己從專業邁向典範，終能抵達成功。

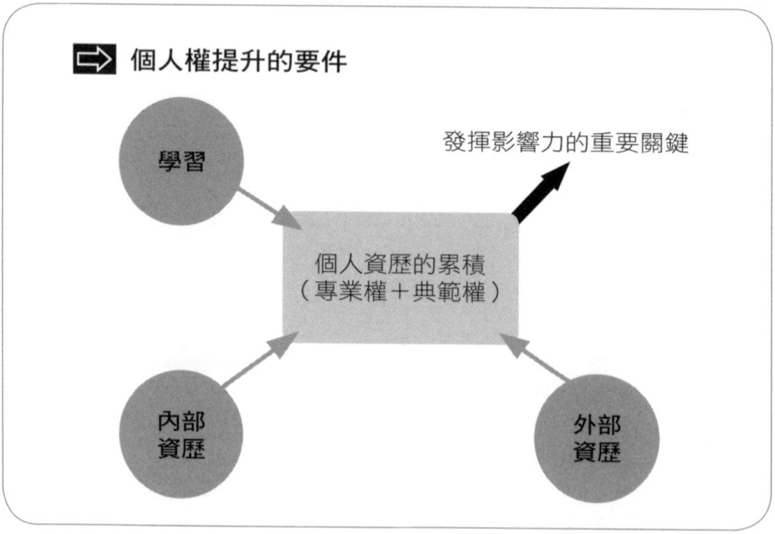

圖1-3-4

04 主管、新人、資深員工形成黃金三角

如果新人不肯學，資深員工就會帶領得很辛苦，容易心生抱怨；如果資深員工不把問題和狀況回報，主管可能就不知道什麼時候可以介入處理；如果主管完全不關心新人學習的狀態和適任情況，不只會讓資深員工的教導空轉，最後新人也可能因為沒學到東西或看不到未來而離職。所以，不論你現在落在哪一個角色上，與其抱怨不如想辦法解決問題。

黃金三角互相照應

一家好的企業，員工做得好、企業體質健全，事業一定會越做越大，業績也會蒸蒸日上。企業在擴張和成長，漸漸原來的人力就不夠用了。當企業規模不斷擴大時，在人力需求上勢必會出現缺口，這時候，企業當然得找新人、引進新血。各部門提出新增人力的需求之後，HR的工作，就是要想辦法協助企業各部門的主管，找到合適的人才進來分擔日漸繁重的工作。

若是企業快速擴張，產業觸角多元，也可能會多出許多新的業務層面需求，這時候要是原本的人員不擅長新領域的業務，自然就得想辦法挖角、引進適任的人選來接手。

不管是從一人公司變成二十人的公司，或是從二十人的公司變成兩百人的公司，在成長和擴張的過程當中，企業或員工都會面臨到變與不變的掙扎與衝擊。比方說原本單打獨鬥的資深員工，或許就將面臨到一個新的課題：要如何與同事合作分工？要如何帶領新進同仁、彼此和諧共處，讓這些新進的人力真正成為助力，而不是阻力？

在部門成長擴張、引進新人的過程中，有三種角色會受到影響。

第一是肩負部門成長任務的主管。不論是不是由他親自篩選，部門裡的員工都是經過他的認可才會存在，既包含新進的同仁，也包含原本就在工作崗位上努力的員工。

主管所需負擔的責任是給予明確清楚的指示，讓員工明白自己的工作目標和任務，而且共同合作、發揮戰力，使得整個單位能夠順利達成每個月、每一季、每一年的目標。

人不合，事難成。任何一個部門裡一旦有任何紛爭或衝突，就像齒輪歪掉，不小心處理，最後很可能釀成大禍，造成整台機器無法運作。

於是，如何挑選齒輪、妥善保養，讓每一顆齒輪都能順暢的發揮效用，就是基層主管在人才管理上的重要任務。原本轉得好好的機器，現在突然需要增加不同的零件，怎麼裝、怎麼安排才能得到更好的效果，是每位主管都會面臨到的問題。

第二個是新進員工。任何一位新人寄履歷到企業參加面試，就是希望自己能符合企業需求獲得聘任，而得到工作之後，更會積極表現出自己能適任的企圖，才會有好的未來發展。

在任何一個面試場合，你都會發現前來面試的人腦子裡產生的念頭就是：要怎麼樣才能讓你相信我有能力勝任這份工作？要怎麼樣讓你願意用好的報酬條件聘任我？

也就是說，任何一位新人能通過面試被錄取，表示他們已經從「我應該做得到」的階段，進入到「實際做做看」的階段了。

只不過，不管是面試或考試，都是在短暫的時間裡，就有限的資料去進行判斷；因此，「主管覺得這個新人能用」和「新人覺得自己可以勝任」這兩點必須透過試用期來觀察，才能再做第二階段的評估。

第三種角色的重要性

一般來說，職場新鮮人最容易陣亡的期間是前三個月，不管是無法融入職場環境、同事關係不好、志趣不合、能力不夠，甚至是不符期望，都可能是新進員工短期內就離職的原因。不過，一般來說，有良好教育訓練制度，或是鼓勵資深員工多方面帶領新進同仁的企業，職場菜鳥們的穩定性相對都會比較高，也比較容易發掘到企業真正需要的人才。

這個部分就關係到我前面所提到的第三種角色，也就是**非主管的資深員工**。

這個角色最大的考驗在於，他是三種角色當中唯一可能出於非自願的一環。要引進新人的是主管，要爭取工作的是新人，這兩方只要一個願打一個願挨，主從關係就會建立，非主管的資深員工就得接受身邊即將增添一位陌生的新同事。

不管主管會用誰，選擇的考量是什麼，來的又是什麼樣的新人，資深員工都只有接受這個事實的份。通常，新人由主管直接親自帶領的機會也不高，所以，帶領和教導的工作就會落到資深員工身上。

這麼想或許很悲觀，但是憲哥反倒建議身處於「非主管的資深員工」角色的朋友可以轉念去思考：**如果這個狀況已成既定事實，無論你喜不喜歡新來的同事，而你又必須肩負帶領的任務，你可以將此視為工作挑戰，視為自我成長的門檻。只要能積極跨越，就意味著自己具備「能把新人帶好」的能力。**

且資深員工能代替主管與新人在工作上頻繁互動，即表示有權能幫助主管觀察新人是否留用。所以，如果我們用影響力的觀念來看，這三種角色之間的關係，可以畫出一張黃金三角的圖形（圖1-4）。

先從主管出發，主管透過職位權可以要求資深員工帶領新人，同時授予部分權力要求新人需接受資深員工的帶領；而資深員工不管樂不樂意，都肩負了帶領的責任，在主管授權的空間下，有權要求新人

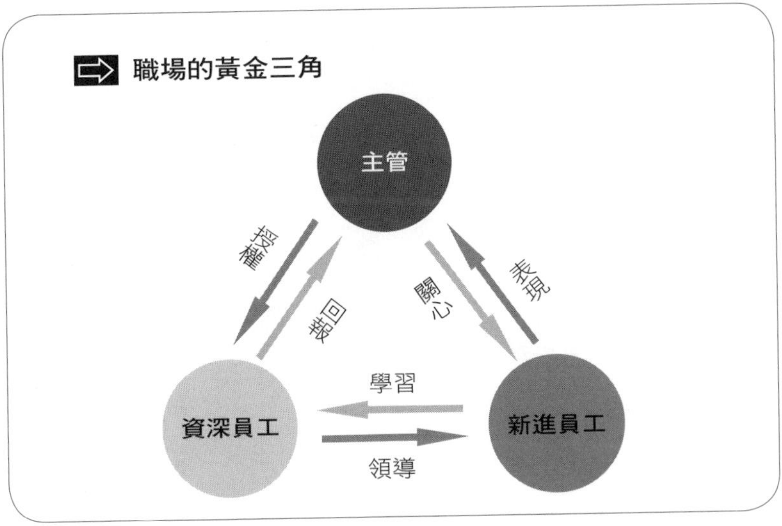

圖1-4

必須接受種種工作上的教導。最後是新人，表面上好像是最沒有影響力的角色，只能承接來自前輩的指導，然而，新人的種種表現，其實最終目的是讓主管看見，向主管證明自己不只稱職，還能做得更好，這才是新人真正發揮影響力想要得到的結果。

所以，這個黃金三角若是能有良好的循環，部門納入新血、進而擴張的目標就一定能夠順利達成；同時，三個角色又能獲得成長，可說是三贏策略。

然而，在三方角色互動下，如果有任何一方出了問題，也可能讓黃金三角破局，得到失望的苦果。因為三方在運用權力影響另一方的同時，也必須要負擔相當的責任，扮演好自己的角色，否則，任何一方壓力過重，都會造成嚴重影響。

05 親手打造未來工作上的好幫手

在教導新人的磨合過程中，就像在為自己親手打造工作上的好幫手。當資深員工敞開心胸，以當一位好前輩為原則去與新人相處，盡量給予協助，盡量主動幫忙，多一點傾聽、多一點建議。只要新人能夠對工作上手、對責任上心，日後在合作分工上，一定會事半功倍。

借力使力，成為最大贏家

接下來，我想特別談一談資深員工對於帶領新人這件事，在態度上可以如何自我調適，讓自己借力使力，成為黃金三角中最大的獲利者。

我前面就說過，這個三角的組成，只有資深員工這個角色屬於非自願性的。換句話說，當主管以職位進行強制要求，就算你心裡不想做也得做，否則你就得準備明確的理由或是有被主管列入黑名單的心理準備。

既然非做不可，那我們就來看看這件事到底是不是主管對你的不合理要求？

當然不是。

因為，主管之所以要找人，一定是因為工作做不完，需要人手來幫忙，而這個需求甚至可能是你上個月在工作報告裡提出來的。所以，主管找了新人來給你帶，並不是找你麻煩，而是希望能夠幫你解決問題。

所以，關鍵就在於，這個幫手不是你自己找的，你完全不知道他會什麼、他懂什麼、他可以做什麼事？到底你可以讓他幫什麼忙，才能讓自己真正輕鬆？

我的想法是，如果你要求一位即刻就能上手的超級高手，好讓你什麼都不用教就可以把工作都丟給他做，這其實是緣木求魚的。而且，如果主管真的幫你找來這樣一號人物，你才真正需要擔心，畢竟他若是什麼都做得比你好，效率又比你高，你做的事他都能做，那麼，公司豈不是用他就好，何必用你？

因此，我還是那句老話，下雨天是勇者的天下，危機就是轉機，如果前有難路，你要主動去走；如果前有重擔，你要主動去挑，因為，你不是為別人而努力，而是為了自我成長而用心。如果你能完成別人都覺得困難的任務，等於是證明了你有比別人更強的實力。

所以，帶新人，真的是吃力不討好的事嗎？

我們從個人意願和職務需求來看，資深員工對於「新人帶領」這件事的四種態度

（圖1-5）。

你是落在哪一區呢？

你是**「不想做，但還是得做」**嗎？

通常會抱怨的人肯定是這種情況。面對主管交辦下來的任務，不得不接；或相關工作內容只有你能教。如果真的不想做但是又不得不做的話，除非你本身擁有極熟練的技巧，否則對你和對新人而言，都會是一場災難。

心情最輕鬆的，莫過於**「不用做也不想做」**吧！在這種狀況裡，新人可能出現在隔壁部門，或是被指派給部門裡的其他同事負責；這時候，你可以當做沒你的事，就算不理會新人死活，也不會有人指責你。

但是，相較來說憲哥比較看好接下來兩種類型。

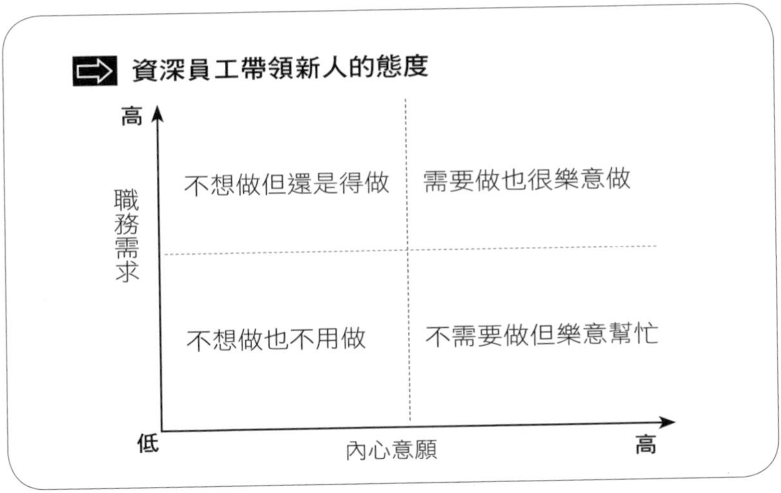

圖1-5

做個懂得負責任的人

第三種「**需要做也很樂意做**」，這樣的人代表負責任、懂得自我調適、有高度EQ，不只不會因為情緒而影響工作，而且更樂於工作挑戰。如果你需要帶領新人，也樂意花心力把新人帶好，這時候你的心情通常會比較愉快，也較有耐心多給新人機會。

第四種「**不需要做，但願意幫忙**」，是指你或許不需要直接帶領新人工作技巧，但是在你的幫忙下，他得以更快地融入企業環境，也能在心理上獲得支持。這種人聽起來很雞婆，可是也很熱心；對於新人來說，不一定只有教會他技巧的人值得感恩，那些在午餐時間、在茶水間主動關心自己的，傾聽他們心聲的前輩，也是支持其成長的助力。

如果我們希望身邊能有好幫手，就要好好利用帶領新人的時機去培養，有時即使只是舉手之勞，得到的回饋也許會超乎我們想像。所以，盡量多往第三種和第四種類型靠攏吧！能夠讓自己開心又能夠讓別人感激的事，應該是多多益善，不是嗎？

有人會問我：「我想教，新人就會聽嗎？我又不是他的主管，如果他不理會我怎麼辦？這樣帶人豈不是很辛苦，帶不好又像是在告訴主管——我很無能，實在是讓人很不安！」

我倒覺得大家可以不用那麼擔心，畢竟職場上並不是只有職位權才能發揮影響力，而且有時候資深前輩說的話，其實對新人來說，反而更有分量。

我在進入信義房屋之前多為內勤工作，一下子跳入業務員的環境，剛開始很多地方都不能適應。業務員雖然不需要上下班打卡，但必須要經常在外跑跳，當時公司還規定要開早會，在會議前大聲喊「振聲運動」。

所謂的「振聲運動」，就是在會議開始之前，司儀預報流程，固定會說：「早安，各位同仁，早會開始，主席就位，朗誦立業宗旨。」所有人背完以後接著舉起手來大喊：「信義房屋，加油！加油！加油！」

信義房屋的立業宗旨在業界非常有名，一共長達七十個字，是創辦人周先生親筆寫下的。當時每一個進入信義房屋的新人，首先要做的就是把這七十個字背熟。

「吾等願藉專業知識、群體力量以服務社會大眾，促進房地產交易之安全、迅速與合理，並提供良好環境，使同仁獲得就業之安全與成長，而以適當利潤維持企業之生存與發展。」這麼落落長的七十個字，一直到離職十三年後的今天，我還能一字不差的背出來。可見得當年天天背、天天唸，確實在我腦中留下深深的印象。

可是，回想起那個時候的我，根本就覺得這些舉動很蠢，而且也不太想背。有一天開完早會我忍不住向學長抱怨：

「學長，為什麼我們公司要像軍隊一樣，每天背這些？」

可是，學長並沒有罵我、虧我或是跟我同聲一氣的抱怨，他反而給了我一個至今仍難以忘懷的答案。他說：

「我知道你有點難適應，可是你一定要把過去的想法放掉，去適應新的環境。你選擇信義，就是選擇了一種生活環境。所以，再試試看吧，不要一下子就放棄自己的選擇。」

同樣一句話「選擇信義，就是選擇一種生活環境」在新員訓練的時候，站在講台上的主管也說過，可是當時不過覺得爾爾的一句話，從學長口中說出來，感覺就是不一樣。

也許是因為我從學長身上看到了他的選擇和獲得，讓我相信那些話不只是口號，而是有人能真正認同的信念，在不知不覺中也跟著接受了。

信義房屋長期以來都採取學長學弟制，很多新人在前輩的帶領下漸漸的獨當一面；學長學弟之間，也常常會互通有無，彼此幫助的夥伴情感也很深厚。

一個人成功，不如兩個人成功。當個好前輩可以幫助你和新人一起成功，讓你有好夥伴、好幫手，也讓你們都能成為團隊裡的中流砥柱，一起發光發熱。

重點tips

- 帶領新人是升職晉階的樓梯，因為這是主管觀察你有沒有具備工作專業技能和管理特質的重要時機。
- 有機會帶新人，而且把新人帶好，有三個好處：1.表示自己能力獲得肯定，2.可以減輕工作壓力，3.可以磨鍊管理、教導和溝通等核心能力。
- 在職場裡的貴人越多，代表自己可以走得更順利、更穩當，良好的職場關係，是專業職場人不可或缺的一環。帶領好新人，是能讓自己少一個敵人，多一個朋友，親手打造好幫手、好同事的機會。
- 資深員工、新人、主管是黃金三角，只要這個三角關係和諧運作，對三方角色都有所成長，是個三贏策略。
- 團隊應聘新人是為了增強實力，讓新人能夠達到團隊的要求，是資深員工的主要工作。所以不管是「不想做卻得做」，還是「需要做也很樂意做」，都必須把自己的工作任務完成。如果你「不需要做但卻很願意幫忙」，我相信新人也會點滴在心頭的。

PART 2

前輩好好教，
新人才會好好學

01

好前輩是新人的良師益友

「Mentor」是「導師」或「輔導員」的意思，演變成形容詞「Mental」就成為「心理上的」。一個優質的職場好前輩，要掌握住這兩個字的核心精神；也就是要成為新進或資淺員工的良師益友，在他們的心理上和精神上給予足夠的支持，也要成為他們在工作上的輔導者，以及成長進步的導師。

好主管的帶領方式

談到好前輩，我一定要再次提起這位對我有知遇和教導之恩，當時信義房屋新生店的蘇店長。他在我大膽提出：「店長，請問我能不能住在店裡？」時，二話不說就同意了。還帶著店裡的同事一起把二樓的儲藏室打掃乾淨、幫我買床墊，讓我不用睡在地板上。

其實，那時店長的年資不過大我幾年，也才剛升上店長不久，他對店裡的同仁，真的就是像大哥一樣在照顧。

他不只教會我在打陌生電話（cold call）時要有聲音表情，還教會我們當業務員不能只像日出而作、日落而息，空有努力，但沒有技術的農夫。當業務員也不能像光是站在田中央等，看到機會才放槍的獵人；因為就算槍法神準，也只有剛好飛過田邊的笨鳥會中槍。

他說，一位好的業務員，最好要像里長伯，商圈裡大小事什麼他都知道；或是像郵差，每一條路、每一間房子都非常清楚；也要像管區警察一樣，對商圈裡的重要key man瞭若指掌，還要親自畫出商圈地圖。

「每天打五十通電話」、「幫客戶找到適合的房子」……。

他教我們的方法，不見得是自己發想出來的，他給我們的工作指示，也是依據公司目標訂出來的。看似沒有甚麼特別的帶領方式，但是，他每天不斷的激勵我們，只要肯努力就有向上晉升的機會。

他總是會在店裡的牆上放一塊大白板，上面不是寫每個人的業績，而是貼上我們每個人鞋子的正面、側面照片。兩個月之後再來一次，將前後的照片相比，磨壞的部分多的，就是勤快的業務；鞋底依然如新的，擺明就是較懶惰的業務。那時候，店裡的業務員個個幾乎都習慣用拖的走路，看鞋底能不能磨得舊一點。

這種看似不合理的評斷方式，卻讓我們對店長很服氣。每當磨破腳談到大案子的時候，我們就會明白他對我們的嚴厲，都是為了激勵我們有更好的成就。而他對同仁的支持，也讓每個人都感念在心。

帶人帶心超感恩

有一回，我遇到一位非常盧的客戶，因為他是銀行業出身，所以對房仲業務員有許多的不信任。那天晚上我到他家洽談斡旋，他怎麼就是不肯同意，還一味的強調業務員都不會老實報價，老是為了賺錢不擇手段等等。

談了老半天，解釋了又解釋，說明了又說明，他還是不肯鬆口。最後，到了晚上十一點，我也疲累了，這時，他大吼一聲：

「好，只要你敢在我們家的佛祖面前發誓你絕對沒有虛報，我就簽！」

這個要求，著實過份了，我決定放棄。當下一股怒氣湧上心頭，東西收一收就以冷靜的態度對客戶說：

「這是我能談到最好的價錢，如果你同意，明天早上十二點前給我電話；如果不成，這筆交易就當沒談過吧。」說完，我就走了。

到了樓下，還沒發動我的「名流１２５」，就先點起菸抽了幾口。當下沮喪和懊悔夾雜，難過幾個月的努力，竟然在最後一關可能付諸流水，越想就越難過。

這時，電話響起，是店長打來的：

「文憲，狀況如何？還好嗎？」通常我們只要有可能成交，店長就會等到我們回報才回家。

「報告店長，大概沒希望了吧……」

也許是店長聽出我語氣裡的不對，就要我先別回店裡睡覺，直接到永康街的豆漿店會合。碰了面，店長也沒多說什麼，一人叫了一杯豆漿，坐下來。

「別灰心，這筆不成，再努力下一筆就好。」沒有指責，也沒有斥罵，只有傾聽和陪伴。

絮絮叨叨的把整個過程說出來以後，心情總算釋懷了點，對於自己貿然就走的罪惡感也降低了一些。突然，我覺得事情好像也沒那麼糟，不過就是損失個大客戶而已，憑我的努力，還怕沒有下一筆生意嗎？

店長的主動關心、陪我聊天，讓我平靜的度過那一夜，而且第二天還能重新振作，準時上班。結果幸運的事情發生了，那位客戶在中午前打電話給我，讓我過去他們公司找他簽訂金收據。

這件事，給我很大的啟發。這既不是從工作說明書上學到的，也不是在教育訓練中得到的，而是在深夜裡的豆漿店，從店長身上學到的。

在我升上副手時，有一天早會，他突然接到母喪的消息，情急之下不得不趕回老家奔喪。他雖然內心焦急，還是把工作任務仔細的交代給我和祕書，才收拾行囊回高雄。那天的早會，每個人的心裡都很沉重，但是我們更加同心協力的為彼此加油，我們告訴自己：「不能讓店長擔心，每個人都要努力做好自己的事。」

不到一個星期，店長回來了。大家在錯愕和激動之餘才知道，原來店長的家人已經妥善安排好喪禮，不用他親自去處理，於是他決定回到台北來和同事繼續打拚，因為，公司比家裡更需要他。

就是這樣一位帶人帶心的店長，才能一通電話就讓全店同仁晚上八點都到他家樓下報到，幫他搬家。我們絕不是因為他是店長而被迫去幫忙，而是因為他真的是一位很照顧我們的前輩，所以心甘情願的幫他這個忙。

我比店長多了一個「信義君子」的頭銜，光是這一點，就可以看出他愛才惜才的氣度。人生能有機會向幾位好前輩學習，是我的福氣；因為有那麼多貴人曾經幫助過我，讓我也在帶領新人時特別用心。我知道，我不只是他們一時的學長或前輩，也不只是用主管的心態對待他們，而是以夥伴的精神在經營彼此的關係。不到兩年，我就從菜鳥業務員一路晉升到主任、高級主任，最後考上店長資格，開始獨立負責一家店。我相信，這個成就除了我自己的努力之外，也有來自前輩的經驗。

其實不管「新人」或是「菜鳥」，都只是一段過渡期，假使新人在融入團體的過程中沒有放棄，能夠堅持下去，最後，大家都會變成「同事」。同事之間各自肩負自己的工作任務，為共同的企業目標而努力。如果資深員工熟悉帶領技巧，多多幫助新進員工跨越茫然無措的適應期，不只能為企業多打入一塊基石，也能為自己奠基，做好往職場高位邁進的準備。

02 教學相長，幫助別人其實是幫助自己

從踏入職場開始，我們理所當然的要以成為一位成熟的員工為目標，在工作領域內從生澀到成熟，這條路可能需要一段漫長的累積。光是自己摸索，需要耐心和毅力，在跌跌撞撞中成長，或許中途就想放棄；但如果有人支持，有人引導，自然會減少跌倒受傷的機會。

員工成熟度分四階段

根據賀塞和布蘭查德的情境領導理論，依員工的成熟度可以分成四個階段，從M1到M4越來越成熟（圖2-2）。

我自己則針對這四個階段，有進一步且較簡單的方式來詮釋。我把他們區分成：種子期、萌芽期、小樹期和大樹期。

- **M1（種子期）：**這個階段的員工最不成熟，對於負責的工作完全不了解。通常是一般剛出社會的新鮮人，即便是相關科系畢業，但在實務上的經驗或許為零。這

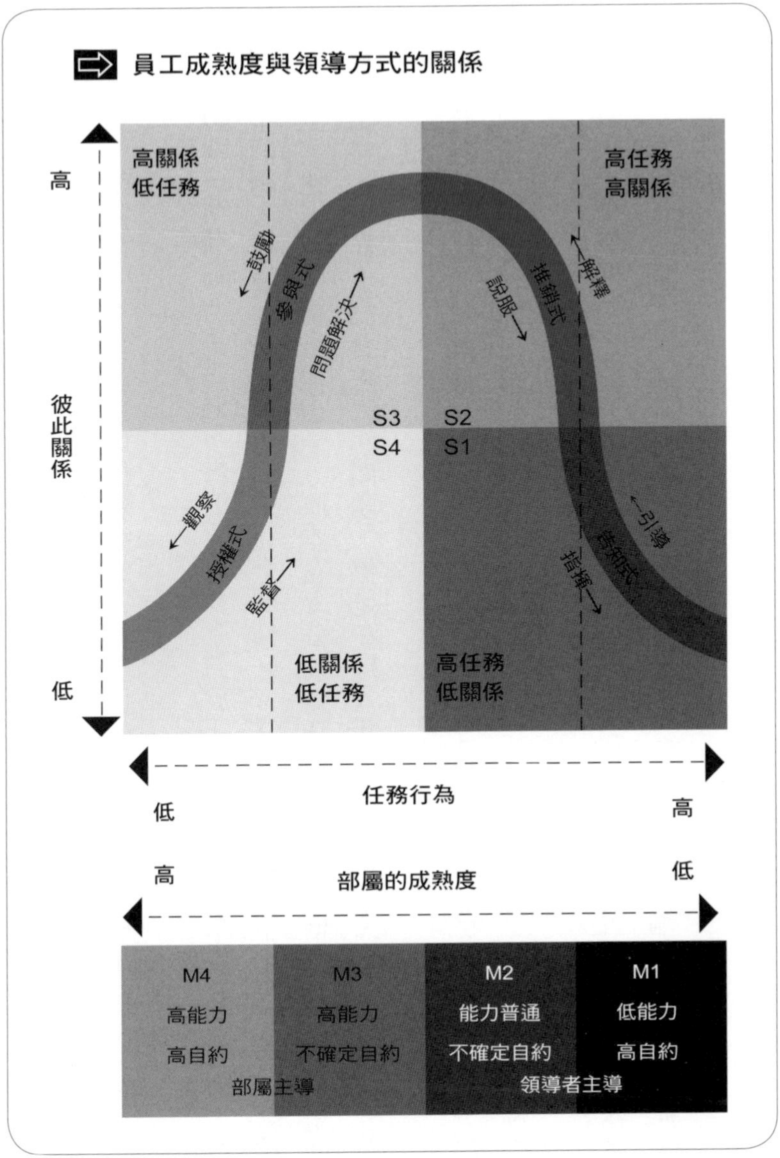
員工成熟度與領導方式的關係
高關係
低任務
高任務
高關係
高
彼此關係
低
鼓勵
參與式
問題解決
推銷式
說服
解釋
S3
S2
S4
S1
觀察
授權式
監督
告知式
引導
指揮
低關係
低任務
高任務
低關係
任務行為
低
高
高
部屬的成熟度
低
M4
高能力
高自約
M3
高能力
不確定自約
M2
能力普通
不確定自約
M1
低能力
高自約
部屬主導
領導者主導

圖2-2

樣的菜鳥，非常需要好前輩的支持。

這時候適合的領導風格為少引導、多指揮的S1告知式。引導者與新人的關係為「高任務、低關係」，也就是以任務完成為主要目的，彼此的關係比較像上對下的監督狀況。

・**M2（萌芽期）**：這個階段的新人多半對於工作上該做什麼事心裡有數，但是可能還不能融入環境，在心理上尚未完全準備好。這種狀況比較常出現在年輕轉職的員工身上。比方說同樣是賣房子，原本在A公司擔任業務員，跳槽到B公司還是從事類似的工作。工作上沒有太大的問題，但是在融入新公司的企業文化上，就需要花點時間來調適。

這時候適合的領導風格為少解釋、多說服的S2說服式。彼此的關係為「高任務、高關係」，也就是用對方能接受的方式說明工作內容，而不是一個口令一個動作的命令方式。

・**M3（小樹期）**：這個階段的員工之所以成為新人，通常會發生在像識途老馬跳槽的情況，或是同公司企業裡相關部門的調動等等。也就是無論企業文化或產業精神都很能理解，甚至於本身已經擁有很好的工作技巧，在專業領域中為佼佼者。

這時適合的領導風格為少鼓勵、多解決問題的S3參與式。彼此的關係為「高關係、低任務」，也就是彼此不像教導者與被教導者的關係，比較像是藉由討論，共同研究出問題解決方法的夥伴。

• M 4（大樹期）：此時期為四個階段裡最成熟的員工。這時如果是菜鳥身分，一定是剛剛被高薪挖角來的高手，他不需要別人教他工作技巧，但是他需要找到支持者。這時最好能充分授權，提供他資源，像朋友一樣的關心，才能借力使力，發揮出最大功效。而負責協助他的人，或許比他資深，但不見得樣樣比他厲害；這時候，就算在工作上不見得要干涉，但適當的關心則是必要的。

這時適合的領導方式為少觀察、多監督的S 4授權式。彼此的關係為「低關係、低任務」，這不是說兩人之間沒有關係，而是因為新人是同領域的精英，工作技巧不用多提，也無需一直盯著他的表現，但是要成為他的後盾。

了解員工成熟理論，主要的目的是：一、教主管和資深員工判斷新人處於哪個階段，可以提供哪些資源幫助他；二、讓被指派去協助帶人的員工自我省思，看看自己正處於哪個階段，以及未來還有哪些成長空間。

成為一位成熟的員工

成為一位成熟的員工，是我們每一個人在職場上努力的目標，藉由這張表，我們也能思考一下目前自己落在哪一個階段。

照理說M4來教M1應該最沒問題，讓最成熟的來教最不成熟的，一定什麼都能教；然而，事實上並不盡然如此。如果一家公司裡每位新進員工都要總經理親自來教，整個組織一定會亂成一團、毫無效率。

相反的，讓M2或M3來教M1，因為他們年資相近、工作相關，教起來會更有成效。

通常最需要接受教導的新人，是位於M1階段的員工。不管他們在學校裡學了什麼、學了多少，實際進入工作環境一定會有很大的不同。一位企管系的學生畢業時成績再高分，也不代表他進入企業後在工作上一定很亮眼。更不用說那些只求一份穩定工作的普羅新鮮人，更需要接受訓練和指導，才能知道自己的工作是什麼，怎樣才算完成任務。

而「教導」有兩個核心能力很重要，一**是自身的專業能力，二是口語表達技巧**。

擁有這兩個核心能力，才會有真正的影響力來教導別人。

所謂「教學相長」，一面教、一面學，一面學也一面教，這樣彼此才會快速進步。不管我們之前多厲害，都還是能從帶新人的過程中，發現自己尚有進步的空間。

如果你只會一直教，覺得自己夠厲害就不再學了，久了就會被人看穿，主管當然就不會再指派你教新人了。

像我當講師這麼多年，長期只出不進的狀況維持久了，漸漸地也覺得有一些地方空出來了，應該再去學一些新的東西。所以我學了電子琴、念了中原大學EMBA研究所，就是希望能充電後再出發。

相反的，一直學習而不應用，就會變成「死知識」。所以，從現在開始，讓我們將「帶新人」這門課從M1進步到M2、M3，再實際應用到工作中，你不但會成為新人心目中的「好前輩」，更重要的是，你從此多了一位「好幫手」。

03

尋找共鳴、建立關係：異中求同拉五同

帶新人的訣竅就是「創造連結」。不管是善用說故事的影響力或是透過圖像式的表達技巧，都是很好的方式。而創造連結的起點，也可以從自己不好的經驗開始，這會比一直膨風自己有多厲害更加有用。教導時多舉實例來替代專業術語，三不五時丟句金句來強調重點，我相信你一定會發現你和新人之間的距離，比起他剛來的時候近，彼此也更容易溝通了。

還沒開始不要說你不會

有時候負責帶領的新人，由於不是你面試進來的，在不知道他的背景的情況下，困擾因此產生。前陣子，我收到一位學生的來信，上面寫到，他即將帶領的新人完全超乎他想像，也讓他心生怯意，不知道該怎麼辦？

「憲哥，前幾天主管跟我說，公司下半年度要擴編，會有新人進來。因為我之前帶的新人表現不錯，所以這次希望我能再幫忙帶人。

「本來我覺得這個任務不難，畢竟我有經驗。但是，沒想到來的這位新人不但沒有什麼相關經驗，年紀還比我大了快二十歲，我實在不知道要怎麼教起耶……」

你也有和他一樣類似的遭遇嗎？如果你問我該怎麼辦？我會說：「這個機會很好，因為你不只能教，還能學，莫忘同行不是冤家，異業可以為師。」

如果你總是僵化思考，就容易鑽牛角尖，讓自己陷入困境；相反的，如果你能更有彈性，每一件事就多了許多可能性，產生更有趣的變化。

你沒帶過人？這個帶新人的機會正好。你沒帶過年紀比你大二十歲的新人？這個機會正好幫助你思考，怎麼樣去帶領年紀或資歷比你大的人。一旦你找到合用的方法，未來你再遇到類似的經歷，你就不會再驚慌失措，不知該如何是好了。

孔子說：「三人行，必有我師。」每個人身上都有值得我們學習的地方。他比我強，我見賢思齊；他比我差，我不犯同樣的錯誤；這些都是學習。

年紀比你大的新人，雖然沒有這個領域的相關經驗，但有其他專業上的技術，或許哪一天你們共同遇上了難題，靠著他過往的經驗或人脈，剛好可以幫助你們解決問題。

我進安捷倫科技的時候，我的部門裡只有一個同事，就是Eva。她的工作內容雖然和我不一樣，但是她在安捷倫的資歷比我資深，而且之前在協助前一位資深業務代表上，有很好的表現。

我們兩個其實有很大的不同，她是女生，我是男生；她主內，我主外；她有資訊工作背景，而我沒有；她英文很好，我英文很爛。可是，這並不表示我們之間就一定得對立，就不能相互合作。

事實上，我過去豐富的業務經驗剛好可以為這個部門帶來活力，在開發業務的氣勢上，如入無人之境。而Eva處事及在文書處理上很細心，對於公司文化、行政作業等等環節很了解，完全彌補了我的不足。由於我們兩個互補有無、相輔相成，才能一直擁有高業績。

所以，不要急著對新人貼標籤，也不要一開始就否定新人能學好或自己能教好的可能性，先盡力去做，再論成敗也不遲。

尋找共鳴，建立關係

憲哥提供大家一個起步的好方法——**尋找共鳴、建立關係**，把握異中求同拉五同的策略。

在帶領新人的過程中，我們不需要第一天就拿出工作說明書，第一章第一頁一個步驟一個步驟的立刻開始教，搞得氣氛很嚴肅，讓新人很恐懼。或許就是從聊聊天開始，由我們先釋放善意，新人也不會一直處於防備狀態，大家才能用比較輕鬆的方式教導和學習。

在我剛到安捷倫時，Eva有一天中午特意約我一起吃午飯。午休時間是一個很有用處的時段，一來大家可以暫時放開工作，好好進食和休息；二來也可以藉這個機會彼此多加熟悉，聯絡增進感情。有時候，一起午餐的人還包括其他部門的員工，很多資訊也都能藉此非正式交流，讓我們獲得不少有用的訊息。

那天，Eva主動約我，我當然也欣然赴約，因為我正好也想跟她聊聊，順便拜拜碼頭，即使名義上我是業務單位代表，但她卻是我的前輩。

點了餐，等待上菜的時間，就是開聊的時機了。Eva主動說：「其實我希望透過這餐飯，跟你好好聊聊，想讓你多認識我，我也能多認識你，日後在工作上大家可以好好合作。如果對於公司的規定等等，有什麼不了解的，你也可以問我，只要我知道的一定言無不盡。」

她都已經搭好橋了，我當然也立刻跟著步上台階，交出我的善意。我說：「謝謝，有妳幫忙真是太好了。我以前跑業務，做過房地產也待過銀行業，就是還沒做過科技業的業務，以後還請妳多多指教囉！」

於是，話題聊開了。Eva先說自己的缺點，我也樂於分享我的性格；聊著聊著發現我們彼此都是兩個小孩的家長，光是教養經就聊不完。

這就是我說的異中求同拉五同，諸如同校、同鄉、同科系等等，能讓你找到共同點開始談話；如果還有同好、同夢想、同理念，相信你們一定能成為無話不談的朋友。

在帶領新人時，不妨多利用談話去創造彼此的共鳴點，讓之間的情感可以成為好朋友最好，就算只是同事以上朋友未滿，都能形成好同事的助力。只要新人聽得進你說的話，你能對他產生影響力，工作教導就已經成功了一半。

04

要當好前輩，先具備雙核心能力

帶好新人，不只要具備專業技能與口語表達能力，還要清楚對方要用什麼方式學習會更有效果。接下來，憲哥將傳授你工作教導的五大流程，讓你即刻上手，帶領新人變得很簡單。

會做事不代表會教人

「知道不等於做到，有目標才有策略，目標不同策略就不同。」這個道理只要上過我課的學生，一定常常聽到我掛在嘴邊。

既然知道自己要帶新人，「**讓新人理解自己的工作並上手**」就是你的目標。知道了以後還要做到，有了目標更要設定策略，實際去執行，才能得到結果。就算新人學不好，也要再去省思過程中是不是有誤差，釐清問題的根源到底是新人還是自己？

我們先從「教導」這件事說起。

很多人當過學生，但不見得當過老師，所以很可能一聽到要教人就心生恐懼，害怕自己不會教。事實上，身教重於言教，就算我們學不會像老師一樣站在台上滔滔不絕，也可以從每一個步驟示範中，讓學生理解。

那什麼是「好教導」？要教別人的話必須具備哪些核心能力？

簡單來說，你必須具備專業技能與口語表達這個雙核心能力。因為唯有具備某項專業知識或專業技能，你才有資格能教人；唯有你具備良好的口語表達能力，你才能教好（圖2-4-1）。

自古以來最會當老師的孔子說過，「老師」這個工作的核心能力是傳道、授業、解惑；也就是把學習的道理告訴學生、教學生學會獨立作業，當學生有疑問的時候，為他們解答困惑。簡單來說，只要能做到這三件事，就算是完成當老師的初步責任了。

而這三件事能不能做好，都有賴自己對專業技能的掌握程度，以及能不能用清楚易懂的方式讓對方了解。

當你越了解要教導的事務，就越能仔細把每一個步驟分析出來，讓新人可以一步接著一步學。當你的口語表達能力越好，你就越能將想法準確的傳遞出去。

坊間有一些老師，滿嘴都是企業管理的技術和道理，可是追溯起他們的職業與經歷，卻發現他們連一天班都沒上過。相信不論他們的知識再高深、學歷再顯著，真的要和職場裡的千百樣學生交流時，會發現自己的實務經驗根本不足以和學生比擬。這樣的老師，雖有職位權可以讓他們站上講台，但是坦白說他們個人的專業權還是不足以信服人，學生只要一發現老師沒料，坐著聽課的動力就會消失了。

假設今天有一個演講題目是「如何成為房地產業的傑出店長」，而站在台上的講者是信義房屋成績前五名的優秀店長，或是曾經在擔任店長時有良

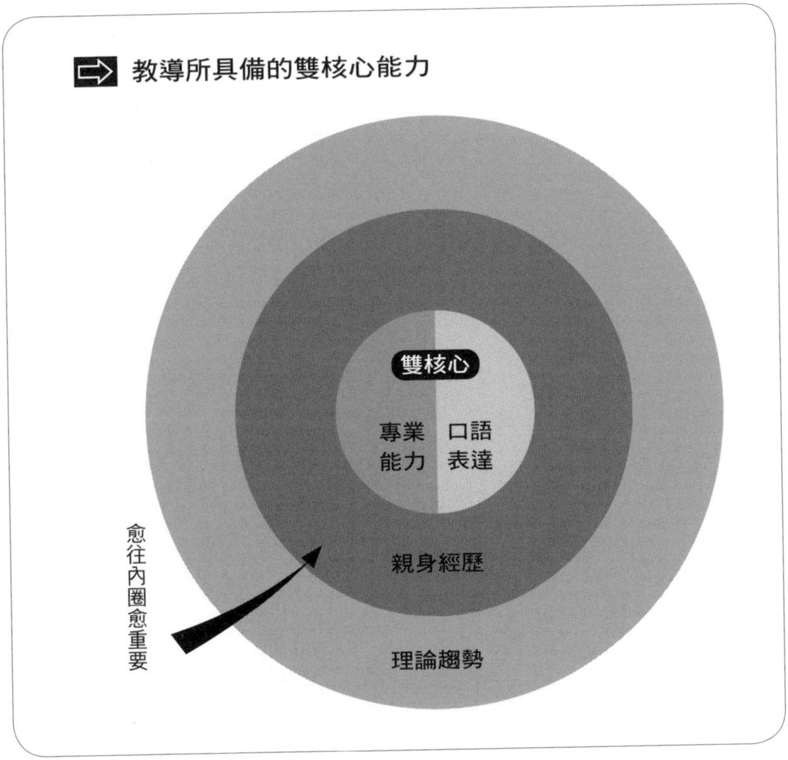

圖2-4-1

好成績，後來也順利升職成經理或是更高位階的主管，這場演講就很有說服力。

可是，如果在台上分享的人從來沒有擔任過店長，先不管他的內容說得好不好、教學內容對不對和演說精不精采，光是看他的資歷，大家就會打一點折扣了。畢竟連一日店長都沒當過的人，又如何能說得出要怎麼做才能當好店長呢？更不用說如果台下的聽眾全是店長的時候，對於這等指教心裡肯定會不服。

當你累積了專業能力和口語表達之後，你就能夠觸類旁通，將過去的種種經驗變成案例，再配合理論或道理去說明，讓新人在學習的過程中，更容易消化和吸收。

接下來，我要分享一般成人在學習上的特性，幫助大家更容易掌握工作教導上的重點，實際執行起來會更加輕鬆而不費力。

成人學習的特點

不管你帶的新人來自什麼背景，都不太可能是學齡兒童吧！所以，我們要面對的教導對象是「一個成人」，有獨立自主的性格，有獨自行動的能力，填鴨式的教學對他可能沒用，更重要的是，成人的記憶力甚至不如兒童。所以，要教成人，不見得比教小孩來得簡單。

從行為研究來看，成人的學習主要有幾個特性：

- 喜歡從執行中學習。
- 喜歡不拘禮的主動參與學習。
- 喜歡將個人經驗應用至學習內容裡。
- 總是想要知道為什麼。
- 希望將學習內容引用到個人需求上。

總歸來說，成人不會只想學書本上死硬的知識，而是喜歡知道自己為什麼學、學了有什麼用，以及能不能親自動手去嘗試。

換句話說，你可能因為想開一家小吃店，所以主動去學習怎麼煮蚵仔麵線、怎麼記帳、如何計算成本、行銷方法、學招呼客人的技巧……，你會想學而且努力學的原因是因為「需要」這些技能，想要運用這些技能去「達到目的」，並且越是能夠親手操作，學習效果更好。

以我學英文來說，因為我的工作需要英文，所以我一定要把英文學好，所以必須要花六個月的時間，每週三天下班後騎車飛奔至補習班苦學。一旦你覺得某個技能非學不可時，不管多難、多苦，你都會拚盡全力也要學好。

從表2-4-2來看，不同的學習方法對成人而言也有不同的學習效果。雖然說明和示範也有助於理解，但是唯有實際操作和長時間的教導，可以讓學習者由知道到熟練，真正運用至工作中。

學習方法對資訊吸收的影響

	認知＋了解	練習技巧方法	應用至工作
演講簡報	85%	15%	10%
示範	85%	18%	10%
實驗	85%	80%	15%
長時間教導	90%	90%	80%

學習方法	吸收百分
只聽	10%
只讀	20%
只看	30%
聽＋看	50%
師生互動引導做筆記	70%
教學相長	90%

表2-4-2

05 新人怎麼教？先從基礎打底開始

工作教導的重點在於讓新人能實際參與、從中學習，所以，就先從你手邊最需要他做的事情開始吧。一次不用教很多，每次教完都確認對方學會了，在不知不覺中，那位本來很懵懂的新人，漸漸地即能夠獨立完成被交辦的基本任務了。

化繁為簡是工作教導的重點

什麼是工作教導？工作教導有什麼重點？

工作教導就是一種能將知識或技能傳授給別人的有效方法。首先要化繁為簡。

或許你會說：「我的工作內容很雜耶，我不知道該從何教起？」如果你有類似的疑問，而你的工作單位又沒有明確的SOP（標準作業流程），也沒有詳細的工作說明書，我會提供一個建議——把握「**先見林，再見樹**」的原則。

所謂「先見林，再見樹」，就是要先講大概、再講細節。不要拉拉雜雜的一下講東、一下講西，或是想要在很短的時間裡把全部的東西都講完，這樣不只是你說不清楚，對方也一定會聽得霧煞煞。

面對新人的時候，就像在進行非正式的敘述性簡報一樣，在說明之前要先做功課。可以先把工作內容統整，大致區分成三大類項，讓新人對工作有大致性的了解；而後才開始針對每一個類項裡的細節和流程，逐一說明，同時引導新人實際操作。

也許，你可以說：「我們超商店員的工作主要有三個區塊，一是櫃台，二是點貨，三是上架。我今天先帶你熟悉櫃台的流程……」

或是：「我們公司是負責進出口的，我們營業助理的工作就是要幫主管key單、做記錄表和報帳……」

總之，不要一下子把所有的工作細節都講完，要利用分段方式進行，讓新人一次學一點，才能真正學會，否則很快就忘了。

職場上工作教導的形式有三

一般來說，職場上工作教導的形式大概可以依學習場所區分為三大類：

第一種是On the Job Training，也就是由督導人員在工作現場進行實地教育，訓練員工學習工作項目，進而熟悉、熟練。

第二種則是 Off the Job Training，也就是大家常聽到的教育訓練，讓員工在工作場合以外的地方進行一段時間的研習。

第三種是 Self-Development，就是讓員工能自己主動學習，比方說透過讀書會、員工社團等型態，引導員工自我學習成長。

其中，在帶領新人的工作教導上，最基礎的就是第一種「在工作現場進行的訓練」，這也是資深員工（或稱輔導員）帶領新進人員的方式中佔最大比例的一種形態，簡稱為ＯＪＴ（On the Job Training）。

ＯＪＴ有五大基本步驟，不管任何操作型的工作任務，透過五大步驟，都能明確的讓新人對於工作內容更快上手。

ＯＪＴ五大步驟

1. 學習前準備

在召集新人開始進行教導之前，就要明確的讓新人對於這項工作有心理準備，調整好彼此的心態，才能正視接下來要學習的項目。這個階段，輔導員如何引起新人的成就動機，會是關鍵之一。

不管你要教的工作內容是什麼，你都要先做功課；準備好適當的環境、應有的道具（要學習的器具），還有相關的資料。

2. 我說給你聽

這個階段的目的是向新人說明工作主題和重要性。除了要概略說明整體概念及流程，只要遇到專業術語或重要概念，就要求新人寫下來，透過抄寫動作去加深他們的印象，最後再仔細說明每個步驟和背後的緣由。

3. 我做給你看

這個階段則是實際去示範每一個步驟，同時在教導的過程中，隨時提問教過的內容，強調需特別注意的部分，同樣也要引導新人一一記錄下來。如果過程很複雜，不要忘了善用「少量多餐」的方法分段講解，而且要提醒新人有任何不懂或疑問一定要提出來。

4. 讓你做做看

這可說是整個流程裡最重要的一環。透過實際讓新人自己做做看，從演練的過程當中驗收新人的理解程度，並把焦點放在剛剛特別提醒過的重點上，確認新人明瞭工作要點。

在演練過程中，盡量多給予鼓勵和支持。由於新人第一次動手做，必然無法如你一般熟練，也可能會有所差錯；保持耐心，多多關懷，可以讓新人更輕鬆的學、學得印象更深刻。

5. 成效追蹤

這是最後一個步驟。要知道新人學了什麼、學到多少，有幾個方向可以判斷，諸如：觀察員工的態度、與員工口頭問答、書面追蹤或筆試、驗收員工實際操作的成果；或指出他錯誤的地方，立刻要求他再做一次等等。輔導員的態度很重要，適時給予建議、協助、鼓勵和回饋，都是很好的支持模式。

除了第一個流程「學習前準備」和最後一個流程「成效追蹤」，中間的三個步驟都需要輔導員和新人密切互動，也攸關工作教導的成效。而輔導員必須要在教導的過程中同時觀察，才能覺察新人是否確實學習到（見圖2-5）。

「Mary、Joy，你們兩位還沒用過摩卡壺，我跟店長說我們明天下午抽出半小時的時間，我來教你們煮店裡的三種摩卡咖啡。」

「小張，我今天帶你一起操作取料機，你以後搬貨的時候會常常用到。取料機的操作方法不難，就是要很注意安全。我等一下先跟你說，也會示範給你看，你帶一下筆記，記得把重點記下來。」

「欣仁，我們後天要去採訪店家，我通常會先做好通訊錄和採訪大綱，一家一家再電話確認好採訪的時間地點，以及希望對方事先準備的東西，也要敲好攝影師的行程。我先示範幾通電話，等一下也讓你來試試看。」

ＯＪＴ的教學方式可適用於各類型的工作上，例如以上這些工作，都可以善用。只要事前準備妥當，工具都在手邊，依著「我說給你聽」、「我做給你看」、「讓你做做看」的步驟進行，多半就可以讓新人確實操作到ＯＫ的狀態。

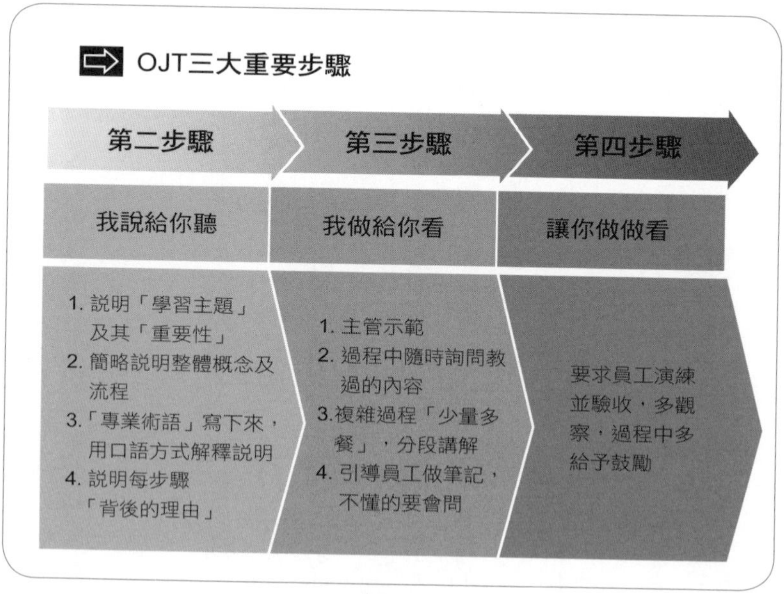

第二步驟	第三步驟	第四步驟
我說給你聽	我做給你看	讓你做做看
1. 說明「學習主題」及其「重要性」 2. 簡略說明整體概念及流程 3. 「專業術語」寫下來，用口語方式解釋說明 4. 說明每步驟「背後的理由」	1. 主管示範 2. 過程中隨時詢問教過的內容 3. 複雜過程「少量多餐」，分段講解 4. 引導員工做筆記，不懂的要會問	要求員工演練並驗收，多觀察，過程中多給予鼓勵

圖2-5

06 捨棄老鳥心態，堅持ＢＵＤＤＹ精神

帶新人說穿了，其實沒有什麼大道理，就是「肯教」與「不教」的差別而已。只需要記住一件事，教新人雖然很累，但是教會了就輕鬆了，要是不教的話，新人永遠都不會，最後苦的還是自己。

教出好夥伴——ＢＵＤＤＹ

資深員工最為人詬病的，就是「老鳥心態」，仗著自己的年資倚老賣老，或是每天不求創新，什麼都照老規矩。明明是自己在原地踏步，卻對新人的積極進取有所忌憚；平時最怕新人來問，怕新人一問，結果什麼都答不出來。

如此的資深員工，即使年資再深，都無法獲得新人的信賴，也無法讓新人尊敬，更可能讓新人在心裡忍不住吐槽：「哼，問什麼都不知道，還說要教我！我靠自己還比較可靠一點！」

如果你希望當一位好前輩，「ＢＵＤＤＹ」這個字你一定要認識。它顧及指導者

必須兼顧的五個內涵層面：態度、熱情、技巧、紀律、年輕（見圖2-6）。

B態度（Behavior）：首先你要傳遞的是工作上的態度。以身作則很重要，新人不見得會注意你教什麼，但是他一定會留心你怎麼做，如果你教的和你做的出現落差，那麼他對你的信服度絕對會降低。

U熱情（Ultra Passion）：請以旺盛的熱情，展現你在工作上的熱忱。就連帶領新人的時候，你也要把熱忱的一面表現出來，主動觀察新人的需求，覺察他們的問題，適時提供協助，以熱情來帶動，我

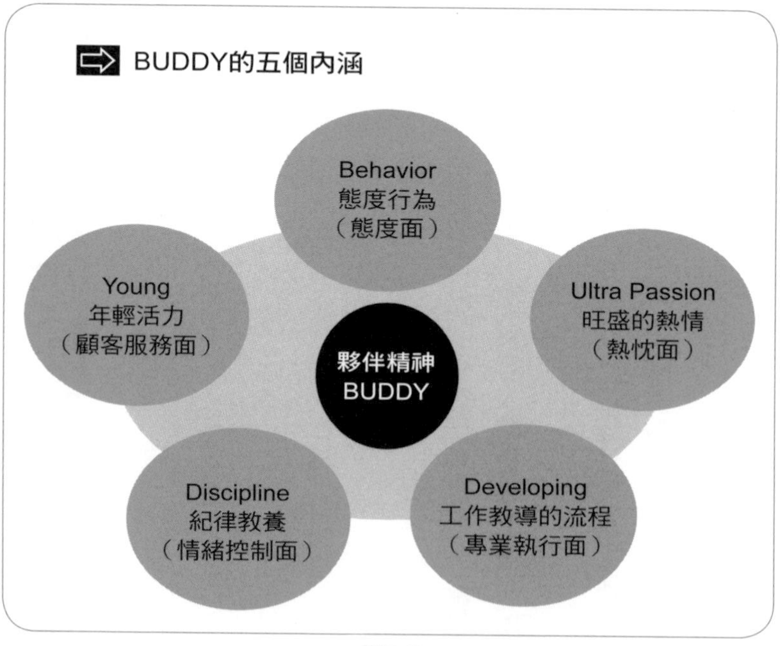

圖2-6

相信他們會被感動的。

D技巧（Developing）：不要認為新人一次就能學會所有的技巧，最好循序漸進的引導他們成長。一點一點確實教導、追蹤成效，透過ＯＪＴ的五大流程，新人必然會一天天成長，慢慢的也能獨立完成工作任務。

D紀律（Discipline）：公司有公司的紀律，也有一些職場裡的潛規則，新人也許因為不成熟或不熟悉而犯錯。如果這時你能適時提點，讓他們明白，未來就可以減少錯誤發生的機率。但記得，要就事論事，理性處理，不能流於情緒，萬一新人覺得沮喪或難過，也盡量給予他們情感上的支持、保持關心。

Y年輕（Young）：帶領新人切忌倚老賣老。你要用專業去說服他，創造典範來感動他，而不是用年資和年紀去壓迫他，這樣新人對你的要求和建議，接受度會更高。

記得要隨時自我檢視

憲哥帶領過無數輔導員（mentor）課程，最後成效都很棒，再一次證明了堅持ＢＵＤＤＹ的夥伴精神，你將能事半功倍，輕鬆的完成任務。

其實，這五個字也是自我檢視的重點。我們在教導別人的過程中，也要用同樣的標準來檢視自己。

態度：你覺得一個會教人的人應該具有什麼樣的態度？而這些態度我具備了多少？例如不要倚老賣老，要新人不准遲到但自己卻不準時等等。

熱情：我有沒有辦法展現熱情，讓新人很想跟我學？熱情是個很抽象的名詞，也無法計量，可以說是一種來自相對比較的感受。

技巧：我教人的技巧怎麼樣？我說的話對方聽不聽得懂、有沒有耐心聽？

紀律：我能不能讓新人清楚知道自己要做什麼、不要做什麼？比方說零售賣場要求員工不能邊走路邊吃口香糖，或是上班不能吃早餐等等。這些規矩你沒講員工就不知道，如果因此發生差誤，你也有連帶責任。

年輕：我有沒有跟新人站在同一陣線？面對比我們年輕的新人，不要老想強調自己有多厲害，把自己當成一個空杯，心態跟年輕人一樣，對新奇事物有包容度。反過來說，遇到比自己年紀大的，也要用他們聽得懂的話來切入。

一般工作教導的要求，在態度、熱情、技巧、紀律、年輕這五個層面上，經常只要求新人學會技巧。可是，我覺得身為輔導員，最好也能夠自我要求，也兼顧到其他層面，工作教導才不會流於形式，只有教到表面。

如果新人因為我們的教導通過試用期，未來就都是同事；如果我們不能和他們同時進步，日後我們的影響力也會降低。

我們必須釐清一個重點，不要讓「帶新人」這個工作成為我們的負擔，把新人教到好、教到會，不僅贏得對方的信任與尊敬，也贏得自己的成就感。

重點tips

- 從員工的成熟度來看，新人多半處於最不成熟的種子期或是似懂非懂的萌芽期，所以帶領新人的時候，要特別注重指導和說服的工作。
- 工作教導的重點就是：先見林，再見樹。也就是先說明大目標，再細教小項目。而且，最好採取化繁為簡、少量多餐的策略，先將工作分類和簡化，再一步一步教會新人。
- OJT的五大步驟就是：學習前準備、我說給你聽、我做給你看、讓你做做看、成效追蹤。
- 資深員工切忌倚老賣老、不求創新，這種老鳥心態很難讓新人認同。
- 當個好前輩的五大祕訣：BUDDY。好夥伴精神就是，要有以身作則的態度，要有旺盛的熱情，要能精確教導工作技巧，要約束新人紀律、傳授行業潛規則，最後還要像新人一樣年輕，能夠包容創新。

PART 3

過去不等於未來，
很會做不等於很會教

01 新人帶不好，先問自己有沒有盡力

每一項工作都是自我挑戰。同樣的戰役，多打幾次，或許能夠讓你掌握獲致勝訣竅，卻也可能讓你失去勝利的新鮮感。新的任務、新的挑戰，雖然不一定能很快取得勝利，但是挑戰的過程絕對能讓你成長。

接受每個被交辦的任務

在職場上，我們永遠不能確定下一個任務是什麼。就像業務員永遠不知道下一筆訂單在哪裡、下一位客戶會是什麼樣的人？專業的職場人，不會用情緒去處理事情，而是用技巧和決心去解決問題。

以帶新人這件事來說，你無法預測主管會應徵哪個人進來，你也不會知道下一個坐在你旁邊離職同事位置的是誰。

面對被指派要帶的新人，你的任務是幫助他在工作上軌道；無論你願不願意，都要接受這項工作。你真正要面臨的挑戰是——你該如何達成任務、該如何讓他盡早

「出師」。

因此，不管你教導的對象是剛出社會的新鮮菜鳥，還是轉職就業的熟齡新人，你都必須確實傳達工作目標和內容。因為，如果你不教會他，最後這個工作可能都得由你扛。

其實，我覺得對輔導員（帶領新人者）來說，如果新人真的不適應離開了，就算原因來自於新人，他們同樣會因為這個失敗的經歷而受到傷害。更別說假使這個新人離職了，輔導員同樣也會受到傷害。

先問自己有沒有做好

「別人帶新人，每位都很勝任，每位都有過試用期；我帶新人就偏偏沒一位留下，帶一位走一位，難道是我自己有問題嗎？」

工作上失敗的經驗，不管大或小，都會帶給我們打擊。然而，我們不能放任失敗打擊而不做任何努力，否則下次我們同樣還是會再受傷。

所以，我的建議是——**分析問題**、**對症下藥**。

新人教不好，不是急著怪新人不肯學，先反省自己為什麼教不好。

一般來說，沒有辦法帶好新人，可能有以下三個原因：

1. 你覺得帶新人沒用。

2. 你覺得帶新人浪費時間。

3. 你沒有帶新人的技巧。

如果你的狀況落在第一個「沒有用」，很可能是因為你的方向錯誤，讓新人覺得學了沒有用，也不知道你教的跟他有什麼關係，最後就會意態闌珊，沒有動力。結果新人學不好，你也很失望。

我曾經到一家公司上課，課堂裡有位學員從一進門就趴在桌上，要求每個人要攜帶的寶特瓶也沒帶，在我詢問他狀況時，態度也愛理不理，非常沒禮貌。

我站上講台後的第一句話是：「如果同學今天覺得坐在這裡是浪費時間，我想你不一定要繼續坐下去，因為我待會上的課，如果你不能全心投入，你一定得不到收穫。」那個學生知道我在說他，就臭臉默默的走出教室；我也不理會他，繼續進行我的課程，畢竟我還有其他的學生要照顧。

中午休息時間，那位學員的主管親自來向我道歉，他說那位員工一直有態度上的問題，而且他下個月就要離職了，希望我不要介意。

我很真心的回答那位主管，我說：「我不會介意，因為損失的人是他，不是我。只可惜他沒有給我機會，讓我證明這堂課並不會浪費他的時間。」

我們當老師的人，很擅長幫學生尋找動機；每一堂課開始的前十分鐘，除了自我介紹和簡介課程大綱之外，我一定會利用一張投影片來讓所有學員了解，他們今天花時間來上課，可以學到什麼、獲得什麼。因為我很清楚，如果學員不知道接下來八個小時要聽的課程跟自己有什麼關係，會連十分鐘都坐不住。很快的，電話就會開始振動，接著人就走了出去，之後再也不會回來。

至於「沒有時間」，這個原因主要是教導者在輕重緩急的判斷上，沒有妥善分配。

當然，除了帶領新人以外，大部分的輔導員手上都還有許多原本要做的工作，時間自然會顯得比較緊迫。但是如果你能夠做好時間管理，先去分類每一項工作的重要性和急迫性，就能讓新人慢慢學習並在能力範圍內盡量幫助你。

以圖3-1來說，很緊急但不重要的事，可以讓新人試試看。就算他出了點差錯，也一定還有補救空間。但相反的，很緊急又很重要的事，最好由輔導員親自執行，再讓新人在旁觀摩。這樣既不會影響到事情的時效性，也可以確保工作內容如實完成，更可以藉此示範給新人看，讓他知道這些以後他會需要獨立完成。

至於不緊急但很重要的工作，這就一定要撥出時間來好好教導，務必要讓新人學會才行。也許是下班前半小時，或是每天下班後多留二十分鐘，利用零碎時間進行工作教導。

像我剛進安捷倫的時候，為了提升自己在校驗方面的專業知識，每天下班後就買便當去校驗中心找陳經理問問題。陳經理之所以願意教我，當然是因為教會我以後，很多問題在客戶打電話來問的時候，我可以直接在電話上解決。無形中送修的客戶減少了，維修中心也不用因此多處理一大堆不太嚴重的問題。

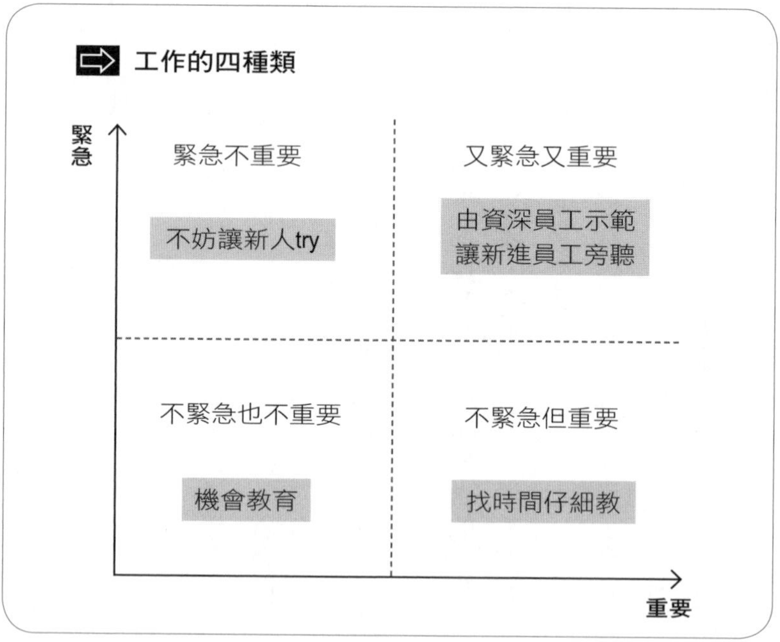

圖3-1

當然，他也可以拒絕教我，但我可能就會遇到一個問題就跑去問他怎麼處理，在兩相權衡之下，他自然會選擇撥出時間來教我。

當然，如果工作量真的過多，這時一定要向上回報，要求主管調整，而不是省了教導新人的時間。

最後，「沒有技巧」這個問題最好解決。沒有技巧就是沒有方法，教人教得不好；很可能是因為你不會教，或者你教的新人不懂。總之不懂就去學，「沒有人是天生的，人人都是媽生的」只要懂得因人而異的引導方式，你就能夠成為一位好的引導者，不管是帶人或是教人，相信都會有自己的一套。

02

名廚要有好刀，學習有效的訓練方法

「工欲善其事，必先利其器」，要把事情做好，傢俬要先準備好。就帶領新人來說，把握因人而異的領導方式，以及提供新人有效的訓練方法，正是做好這件事的「好工具」。

因人而異的領導方式

什麼是因人而異的領導方式呢？大家可以參考表3-2-1。我們前面提過員工成熟度的理論，賀塞和布蘭查德也針對不同成熟度的員工提出了情境領導模式的理論。指出針對M1到M4不同程度的員工，需要分別著重於S1到S4等不同的領導模式。

既然需要帶領的新人多是落在M1到M2的區間，就表示我們在面對新人時，要特別熟練「說明」和「說服」兩個做法。簡單的說，面對什麼都不會的新人，工作內容又偏重操作面時，你只需要告訴他要做什麼，怎麼做，確認他會做，等到他學會了再聽他的意見也不遲。

但是，面對對工作已有初步了解，甚至已經工作過一段時間，屬於稍有工作經驗的新人，就有必要採取說服的方式，讓他知道為什麼要依照你的方法來做。

像陳偉殷初到美國打職棒，他能被球探相中，必定是他的球技有過人之處，可是他到美國去，那裡的球場環境與日本是完全不同的。吃的東西不同、聽到的語言不同，人在異鄉一定有許多事情會需要重新適應。這時候隊友很重要，教練很重要，他不見得需要別人來教他怎麼投球，但是他可能需要有人幫他一把，讓他知道自己不是一個人單打獨鬥，而是整個球隊的一份子。

領導模式與員工成熟度

領導模式	S4 Delegating 發揮員工 自治力	S3 Participating 主動傾聽 引導決定	S2 Selling 雙向溝通 控制管理	S1 Telling 清楚指示 密切督導
成熟度	M4 高能力者 高自約者	M3 高能力者， 不確定能自 約者	M2 能力普通者 不確定能自約 者	M1 低能力者 高自約者
使用對象及時機	對有自信及 機動性高的 人	對有自信但 缺乏工作動 機性的人	對有能力但需 要再約束其接 受責任的人	新進員工或 缺乏自動力 和工作指標 的人

表3-2-1

陳偉殷的第一個球季，肯定讓他覺察到「過去不等於未來」的體認，很多事要重新了解、學習、記憶，但是不管是戰術還是暗號，都只需要聽教練和隊友的就行了。教練不用把棒球比賽的規則從頭講一遍，也不用多說要怎麼樣才能三振對手。但要說明在什麼情況下需要陳偉殷配合戰術投出好球，這就是一種說服。

在M2階段因為新人可能已經知道相關的作業流程，只是他的方法可能有誤或是較沒效率，這時候的工作教導內容，至少要先將壞習慣和錯誤導正，才能重新輸入正確的作業步驟。

掌握因人而異的領導模式之後，接下來就需要再確認新人在學習的過程中，是否保持專心投入。

學習與付出成本的關係

從學習曲線來看（圖3-2-2），當學習時間愈長，所需付出的平均成本愈低，也就是圖中AC_1的曲線。然而，當學習時間長到一定程度的時候，會出現學習曲線效果急遽下降到AC_2，也就是平均成本降低。換句話說，當你投入一項學習的時間愈長，會覺得越容易。而且，學到某一個程度以後，甚至會覺得很輕鬆，不像剛開始學的時候那樣進展緩慢、困難重重。

以我學游泳來說，剛開始可能要花很長的時間才學會換氣跟自由式。但是，隨著身體習慣水流，呼吸節奏能夠配合動作以後，不只游泳的速度加快，就連學習其他游泳姿勢都變得容易多了。

而且，剛開始體力較差游不遠，但是隨著每天的鍛鍊，漸漸的每回游一千公尺也不覺得疲倦，反而更有精神。很多事真的是越學越容易的，只要持續投入，堅持不放棄，一定能豐收美好的果實。

這個學習曲線我們可以套用

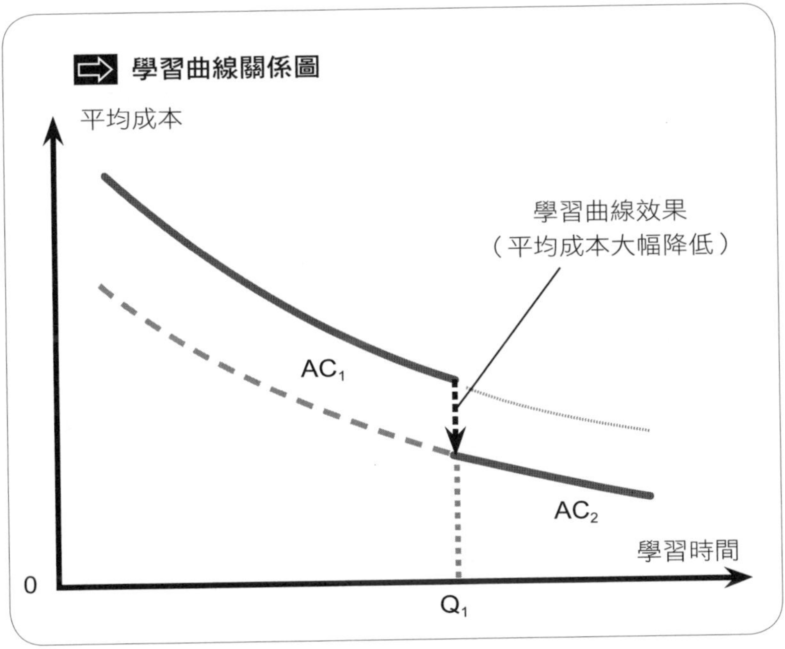

圖3-2-2

到兩個地方：

・給新人：鼓勵他們不要放棄學習，工作上犯錯也好、學得慢也罷，只要持續投入，專心用功，一定會等到AC_2出現，到時候不只工作順手，做事也更輕鬆。

・給輔導員：第一次教導新人學習工作內容，就算剛開始做得不夠好，偶爾會有失敗經驗，但隨著帶領新人的經驗越來越豐富，技巧也一定會越來越好。

我認為，學習的熱情與耐挫力，會決定AC_2出現的早晚，而學習時間的長短也主宰了AC_2出現的時機。不同的學習內容難度造成斜率不同，可能也會對AC_2有所影響。

不懂就學、不會就問，然後全力以赴、堅持到底，因為成功不過就是簡單的事重覆去做而已，如何長期累積，端看個人是否能持續投注熱情，專注其中。

以ＯＪＴ來說，因為是偏重操作型的訓練，所以特別需要要求新人在學習時專心投入，而且配合新人的需求去調整學習的份量，否則學習時間拉長，學習效率也會跟著降低。

有效訓練——從學員角度來看

- 排除分心因素
- 善用學員已知事務來教導
- 尊重學習者想法（時間）
- 多對學員表現做出回應
- 一次一個步驟
- 讓學員記住
- 適量
- 沉澱內化

最後，我會建議輔導員不要一下子設定太高的標準。先求有、再求好、再求精，讓新人循序漸近的進步，效果遠勝於揠苗助長，讓他們一下子遭受太嚴重的打擊，最後反而一蹶不振（圖3-2-3）。

我覺得談到這裡，大家應該已經明白，當我們在教導新人怎麼學的時候，自己也在學怎麼教。或許我們並沒有老師可以直接跟著學，但是我們可以從教學相長中得到許多寶貴的經驗。什麼樣的互動方式，不用很費力，可是可以讓新人覺得自己被關心、被重視？什麼樣的技巧可以讓新人確實學習到執行工作業務所需要的技巧？這些都需要經驗的累積；成功沒有捷徑，想打中球就要不停揮棒，就算遇到挫折也不要停下來。

我認為，每個人被賦予責任的時候，心裡是會想要把事情做好的，沒有人天生什麼事都想做不好。職場裡總是有一些標竿人物值得我們學習，我們不可能做得跟他們一模一樣，也毋須一模一樣。但是我們可以從他們的做法中學習到一些領導和管理的技巧，而這些技巧也會幫助我們在因應工作任務以及處理同事合作關係時，有事半功倍的效果。

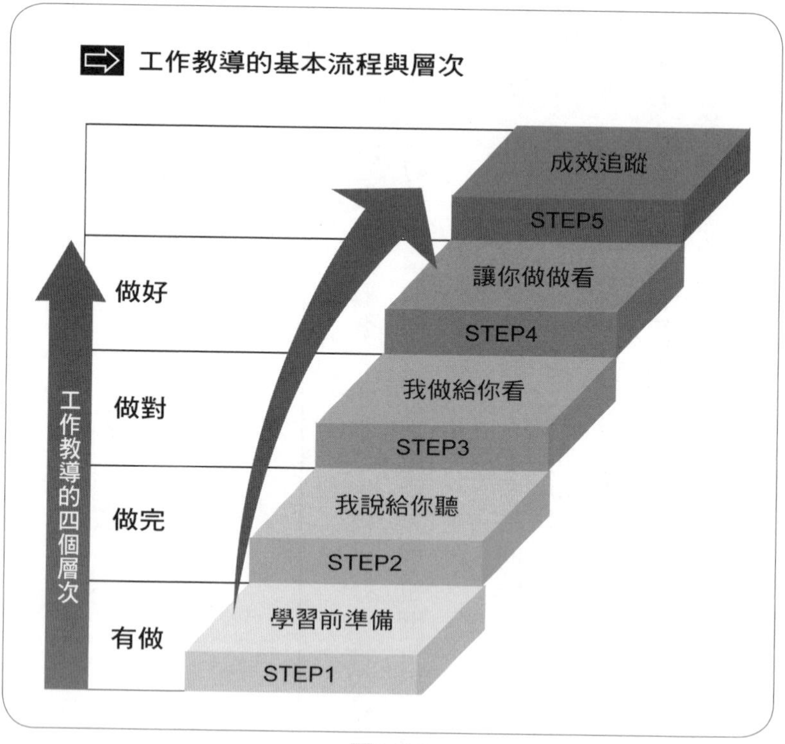

圖3-2-3

03 重點不是你想教什麼，而是新人該學什麼？

上課的時候，我常和學生說：「你會打球和你會教人，是完全不同的兩件事。」帶領新人也是。你在自己的工作範圍內很熟悉，但往往在帶領的過程中才發現，光是親自示範還不夠，必須要用對方聽得懂的話語來說，對方才聽得懂、做得對。

用新人懂的方式教學

我以前在信義房屋教過無數學弟「商圈精耕」和「懸掛紅看板」的技巧，這個經驗後來常常被我拿來在輔導員（mentor）課程裡舉例。

通常，我會故意在講台上示範怎麼「懸掛紅看板」，然後請學員上台當助手。被我叫上來的學員一開始都會有點不知所措。之後，他們才理解，原來面對不同領域的對象，當對方用不熟悉的案例來進行說明時，大部分的人根本不知道你在教什麼。

同樣的，新人如果不知道你舉的例子跟自己的工作有什麼關係，他們也不見得能夠那麼快就舉一反三，知道你案例背後的架構和方法。

我自己就有過慘痛的經驗。

在我一開始當講師時，每一季有兩天晚上會到文化大學城區部去講課。有一次學校臨時拜託我去代課「電話行銷」，我才真正感受到，原來你很會電話行銷和要你去教電話行銷根本完全不同。儘管你不斷示範、一再說明，但學員並不一定能夠感受。

我擅長的是房仲業電話行銷話術，可是台下的學員背景並不是房仲領域，所以雖然我一次又一次不斷示範我熟悉的精采案例，他們卻不能因此應用到自己的工作現場。無形中，學習效果降低，學習動機也跟著減弱，很多人開始神遊，或者偷偷做別的事。這個狀況看在眼裡，真讓人沮喪。

後來，我才明白，教人不是這樣教的。站在講台上的目的並不是要讓台下的學員覺得你很強就夠了，而是要讓他們覺得你說的有道理，進而學到技巧，才能運用到工作上。

之後，我開始將電話行銷的話術技巧抽離出來，置換到學員熟悉的領域內，讓他們能夠直接派上用場。

這個環節聽起來很簡單，但是實際運作起來並不容易。尤其是行業別不同、經驗不同的情況下，講師自己也要先做大量學習才可以將案例運用自如。好的講師之所以那麼有價值，就在於他們內在擁有很好的轉換機制，可以將道理原則轉換成淺顯易懂的內容，讓學生更容易了解。

我在輔導員課程裡故意教「懸掛紅看板」的另一個目的，就是要強調**「我會懸掛紅看板」**和**「我要教你懸掛紅看板」**有很大的不同。因為學員並不是你，能不能用學員的角度出發對於學習效果而言非常重要。引導新人也一樣。他或許還不懂你為什麼舉這個例子，學會你想教的學習技巧，但是他依著你的步驟去做，就能夠順利完成他的工作。而這個做法也能刺激他進一步深入去想，為什麼你要這樣教？而他得學什麼？

我說過，在能教之前，要先反思自己是怎麼做的，從自己所做的，整理出簡單又明確的步驟，然後再把步驟傳達給新人。記得在教之前一定要先告訴新人，他為什麼要學，學了有什麼用，才能強化他的學習動機。

在教學的過程中有一個訣竅非常重要：**「不是你要教什麼？」而是「他要學什麼？」**這跟簡報技巧的重點原則一樣，你要在乎的不是「你想講什麼？」而是「聽眾想聽什麼？」

一味的強塞硬給，對方完全不能消化，自然就無法吸收，說了等於白說，教了也等於是白費力氣。

如果我們都只是從「你會教什麼」出發，就像那些被批評為萬年教授的人一樣，可能會連續二十年都用同樣的課本、上同樣的課、說同樣的話。但是學生不同，吸收的能力不同、學習動機和成就需求可能也不同，怎麼能用一成不變的方法教呢？

有教、教完、教會、教好

現在進入信義房屋的新人，跟十年前進信義房屋的新人，他們對工作的態度和對未來的期許可能也有不同。特力屋地板部門要訓練的新人和園藝部門要訓練的新人，不管是技巧或工作內涵都有所不同，雖然一樣是帶新人卻不能不懂得因人而異的領導模式。

舉例來說，如果你是園藝部門的主管，現在被調到油漆部門當主管，一開始面對新人，或許覺得自己不太會教，但是只要你曾經帶過員工、教過新人，教導技巧是一樣的。你只要把這些技巧留著，再去理解油漆的知識就好了。

所以，想要順利引導新人步上軌道，自己一定要先學習教導技巧及充實工作知識。經過內化之後，再以你對新人的了解去教導他們，說他們聽得懂的語、熟悉的例子，並且確實成效追蹤，相信很快就能有成果。

或者，可以多利用樓梯間、洗手間、茶水間、餐廳等非正式學習的機會傳授小撇步。一方面可以藉由生活互動來輕鬆學習，另一方面也可以增進彼此間的默契和感情。

假設有一家公司，就是在餐廳裡放置許多公司產品和相關工具，如果員工在午休時間臨時聊到相關問題，就可以立刻就地取材來機會學習。這種即時回饋的做法，相較於課堂上的課程安排，甚至更能加深印象。成功的主要原因在於新人想學、想問，資深員工順手就能教。

我們如果希望能盡快教出可派上用場的好幫手，就不能只想著把自己的工作任務做完就好，必須確實做到以下四步驟：

- **有教**：確實說明新人應該知道的工作範疇。
- **教完**：確實把作業流程每個步驟都教完。
- **教會**：確實確認新人完全都學會了。
- **教好**：新人不但學會了，還能自行運用，舉一反三。

基本上，工作教導不能停留在「有教」和「教完」的階段，一定要進展到「教會」確認新人真的學會，可以順利執行他應該進行的工作職務。

至於，新人可以做好到什麼樣的程度，我想這個部分可以抱持期許，而毋須強制要求。

有決心，就能產生行動的力量。縱使每個人的資質不同，那也只是有人學得快，有人學得慢罷了。只要有心想學，沒有不能學的事。同理可證，只要有心想教，沒有不能教的人。

04 分際拿捏：什麼該教？什麼可以不教？

今天新人態度很好，很願意學習，就不妨多講一點。新人態度傲慢，做事又粗心，一點求知欲也沒有的話，那麼多教也是白教，等他自己跌跤撞痛，痛醒了就知道來學了。

把握可教學的機會

到底帶新人時有哪些事是非做到不可的？帶新人的責任有哪些？要做到什麼程度才算完成呢？

我認為，至少要掌握以下三個原則：

1. 必須確實向新人傳達這項工作的目的是什麼。

2. 必須確實演示教導工作內容的步驟是什麼。

3. 當新人在實行上遇到困難的時候，給予支持和解答。

至於，心理和態度層面，則是盡量成為他們精神和心理上的支柱，多費點心思，積極幫助他們去適應職場環境，等到他們開始對工作定了心、意圖紮了根，自己會主動想要學更多的時候，那就是我們可以慢慢功成身退，放手讓他們自己去學習的時候了。

更進一步說，主管要求員工去協助新人、帶領新人，一定會有一個明確的要求，這個要求就是：「**讓新人盡快具備他所負責工作的能力。**」

所以，不管新人得到的工作任務是什麼，讓他能夠把他的工作做完，就是首要原則。至於要不要做好，我覺得那是新人自己的問題。

所謂的幫忙並不是要你扛著他走，讓他習慣依賴你。任何事都應該交由新人自己先去試試看，如果真的做不到我再提點你。所以，你要做的就是負責教會他範疇內的工作任務。

諸如一些工作上的眉角，我們也不用急著去教，等到有一天新人覺得需要學、想要知道了，再告訴他也不遲。根據我自己的經驗，因為想知道主動學的事情，真的想忘也忘不掉。

說一段我親身經歷的故事，你就會明白我所說的。

我在知名電子公司從人事部轉調到了採購部門，或許是因為職務內容上的變化，也或許工作性質真的比較適合我的個性，我的進展相當快速，也沒惹過什麼大麻煩。

這除了要歸功我的學習能力之外，還有就是坐在我正前方的採購典範——W小姐。她是採購部門的資深大紅人，在公司的年資甚至比我們課長還久，影響力無窮大。

我剛報到的第一天，課長說：「文憲，W小姐很資深，以後遇到什麼問題都可以請教她。」當時她就拍拍我的肩膀，說：「年輕人，採購這門學問可大了，你以後有得學了！」

說真的，W小姐並不是那種會拉著菜鳥帶在身邊隨時諄諄教誨的老鳥，況且她那麼資深，再怎麼輪也不會是她來帶我。可是，她剛好就坐在我的正前方，兩個人就隔著兩張並排的桌子，平常她怎麼做事、怎麼應對廠商、怎麼應對內部廠區的主管，一舉一動我都看在眼裡，有多少撇步，此刻不學更待何時？

所以，我常常一邊完成自己份內的工作，一邊偷偷學習她做事的方法和態度，有時候臨時用上一兩招，就覺得受用不少、收穫良多。

其中有一回，我真是為她捏了一把冷汗，但是她的應對技巧更是讓我嘆為觀止、佩服不已。

那是一個星期一的早上，七點五十分採購部門才剛有人上班，生產線的主管就找上門來了。只見他一進門就對著W小姐咆哮，大叫：

「東西呢？」

「東西？什麼東西？」W小姐才剛吃完早餐，慢條斯理的清潔桌面。

「還問我什麼東西！螺絲！我今天三條線的訂單就等妳的螺絲！」生產線主管氣得臉紅脖子粗。採購最大的死穴就是絕對不能缺料讓生產線停工，當時我心中只有一個念頭：「她這次慘了。」

「風扇的螺絲？還沒來嗎？」

「來了的話，我還用得著來找妳嗎？」

「怎麼會這樣呢？我千交代萬交代說料一定要星期五送來的啊，好，你先別生氣，我打電話問一下。」

她電話拿起來，飛快撥了一連串的號碼。

「喂……我誰？我誰你不知道？我W小姐……什麼？你也幫幫忙現在還在睡？拜託，八點半了耶，八點半了你還在睡！你也差不多一點！我問你，我的螺絲呢？螺絲啦……不行啦，你別鬧了，今天禮拜一你跟我說禮拜五才會好，開什麼玩笑！我生產線停了誰負責……不行不行，什麼禮拜三，你別想了，我要出貨就等你的螺絲耶……我不管，你現在給我記下來，今天晚上五點半，你先給我兩千個聽到了沒有！你要是不送來，我們以後就不用合作了，再見！」說完用力的掛上電話。

現場一陣肅殺之氣，寂靜到沒人敢喘大氣。這下子反而是生產線主管先開口圓場，他吶吶的說：「哎呀，妳也不用這麼生氣啦，那個張老闆也是不能得罪的，有話好好講嘛，剛剛他說幾點會送來？」

「五點半。」

「會送來多少？」

「兩千。」

「好，兩千就兩千，我們今天先排小夜班好了。妳叫他一定要送來喔！」生產線主管再三交代，搖了搖頭，走了出去。

「會啦會啦。」W小姐揚手再見，目送他們離開。

機會教育有時比教學更重要

看似危機過去，但我還是滿腹疑問。因為W小姐一整個早上都繼續慢調斯理的處理她的業務，彷彿早上那場紛爭完全沒發生過，一點都沒見她神情緊張，也沒看她再打電話催張老闆。難道她那麼有把握張老闆今天下午五點半一定會把螺絲送來？

一直忍到十點鐘工廠休息時間，我看她站起來到茶水間倒水，連忙也拿了杯子跟上去。假裝不經意的問她說：

「早上好驚險喔，妳教我一下好不好，如果以後又遇到生產線催料的話該怎麼辦？」

只見她又是一副「菜鳥採購，你要學的事可多著呢」的微笑，我連忙說：「拜託啦，課長說如果我遇到什麼問題都可以請教妳。」先把課長搬出來再說。

她沒回答我，但問了我一個問題：「你猜，我早上打給誰？」

看她的表情，讓我明白早上那一通電話，電話線的另一端絕對不會是張老闆。

「妳老公？」她搖頭。

「查號台？」也不是。

「那妳到底打給誰？」

「我也不知道，反正我電話拿起來，隨便打了一個電話。」

哇，那個接電話的人真倒霉，一早就被這種電話叫起來臭罵一頓，還得在五點半以前把什麼鬼螺絲送到。

我當時已經佩服得幾乎五體投地，這麼精采的演技我果然還有得學。

但是我還有疑問。

「既然妳沒打給張老闆，那兩千個螺絲要怎麼辦？今天下午五點半要送到耶！」

W小姐再度露出那副「菜鳥採購，你要學的事可多著呢」的微笑，帶著我走到她的座位旁邊，然後彎下腰從桌子底下拿出一個箱子，說：

「文憲先別問那麼多，等一下你拿這個箱子到倉庫去，告訴收發的小弟說這是張老闆剛剛送過來的。」

我滿臉狐疑的拿著箱子到倉庫去，看著倉庫收發人員拆箱點料，你們猜，箱子裡裝的是什麼？

沒錯，正是螺絲，而且數量超過兩千，一共有四千個螺絲。剛剛好就是生產線主管所需要的量。這下子小夜班才能進行的工作，下午一點鐘就可以上線了。

因為這件事，生產線主管還特別致電採購部經理稱讚W小姐，說：

「你們採購部的W小姐真的太優秀了，原本下午五點才會到的料，結果中午就到貨了，而且數量還剛剛好，生產線等都不用等。」

這件事的始末，讓我徹徹底底的學習到不管是怎麼樣的危機，只要夠冷靜，能夠隨機應變，就有可能化危機為轉機。W小姐危機處理的能力真的讓我佩服得五體投地。

我後來才知道，其實生產部主管來罵人的時候，她腳邊一踢，發現箱子還在，就知道是她自己忘了一早就先把貨料送進倉庫。因為星期五當天張老闆確實有依約定交料，可是貨到的時候倉庫收發人員已經下班了。原本公司的規定遇到這樣的狀況是要廠商先帶回去，星期一再送一次，但W小姐擔心廠商星期一遲到所以就先代收下來了。誰知道星期一一大早生產線果然已經沉不住氣了，讓她只好情急生智，上演一齣「潑婦催料記」。

我佩服的是，她沒有在發現的當下就把料拿出來，而是讓情境一點一點轉為對自己有利的狀態，這些若是沒有見過大風大浪的多年經驗，恐怕無法處理得如此巧妙。

我這個菜鳥採購果然還有很多要學的！

當時如果我沒問，只是把這個事件當成一件「W小姐的危機」來看笑話，或許事過境遷之後，我就什麼都忘了。但是我主動問了，W小姐也就順理成章的教會我一個工作上的技巧，而這個「催料」示範絕對不會出現在工作說明書裡。

所以，工作上的操作步驟要教，工作內容的原則要教，工作目標更要明確；但是許多由於個人長期經驗所得出來的訣竅，就不見得需要主動去教了。

05 新人不是複製人，不要以為他可以變成你

我曾經收過一封信，信上這麼問我：「到底老鳥可不可以要求菜鳥？我明明很努力教了，把每個步驟都鉅細靡遺的告訴他，什麼問題都先幫他抓出來，還幫他做最後確認，結果他完全不按照我的意思去做，我累得半死卻沒人感激我，還嫌我煩，我覺得自己真的是豬八戒，裡外不是人！」

不要想著讓新人完全變成你

這是一位深受新人帶領職務之苦的朋友，以我對他的了解，他做事真的很細心，嚴謹到絲絲入扣的地步；其實不要說是新人了，就連當他的同事和主管都很有壓力。

由於他做事要求完美，無形中也會用要求自己的高標準去要求別人。這回他帶領的新人性格和他完全不同，雖然大喇喇卻不算粗心大意；也可以說是做事方法很創新的人。

他們從磨合期開始的第一天，就引發了大大小小的衝突，兩個人幾乎鬧得不歡而散。

我自己來看這個事情，並不會因為當事人是我朋友就有所偏頗，反倒是想勸朋友一句：「放輕鬆一點吧！」因為他把責任看得太重，又把自己繃得太緊，容易讓他做事失去彈性，人際關係徒增磨擦。

他帶人認真，當然值得稱讚，可是他不該讓自己和新人貼得太近，近到讓新人覺得事事干涉，反而會產生抗拒心態。

我們一定要記住一件事，**新人並不是我們的複製人**，他們有他們的特質和學習條件，我們覺得很好的做法不見得完全適合他們，所以不能強制，只能建議。畢竟那是新人自己的工作，他有權以自己覺得好的方式去進行。只要他能夠順利達成任務，就算是負責帶領他的前輩，甚至是他的主管都不能置喙。

我自己就曾經有過類似失敗的經驗，讓我徹底檢討，要求自己不再犯同樣的錯誤。

我在信義房屋當業務員時，因為能住在店裡，所以減少了上下班通車的耗時，可以全心全意的拚業績。我從這個方法中獲得了相當大的利益，理當一直認為這是個好方法。

可是，在我到新竹當店長的時候，還是使用這一招，卻反而招來反效果。我才真實的體會到，在信義房屋裡當業務，住在店裡是OK的；但是店長住在店裡，就不是件妙事了。特別是我自我要求一向很高，所以老是覺得同仁不夠盡力；但同仁卻覺得，店長隨時隨地在店裡，壓力實在太大，業績反而拉不起來。

所以，對於認真型的資深員工或主管，我建議「**盡量放空**」。

過去不等於未來，你以前多好多棒，不表示你之前的經驗可以直接複製。一、二十年前的手法，用到現在，如果完全不調整也不見得有同樣的效用。

當你升上主管後，你可能不再需要進行同樣的工作任務，工作型態也會不同。像業務員升為店長，工作目標、核心能力和任務成效的評估等，肯定都不一樣。很多人在升任管理職之後適應不良、表現不佳，常常就是因為自己的心態沒有調整好。

雖然很困難，但是我衷心建議，**在你升職的那一天起，就在心裡開一個檔案夾，把前一階段工作的核心能力全部丟進去，然後設密碼鎖起來。第二天工作起，一切歸零、重新開始**，只著重在新的工作需要的核心能力上，不斷去加強。「我以前怎樣又怎樣……」這句話是禁語，這個念頭也是行不通的。

一直到有一天，你發現你的新能力和舊能力可以結合在一起發揮新作用的時候，你再把你的檔案夾打開，重新歸納和整理，你會發現自己的跨越和成長，是以前的自己完全沒有辦法想像的。

恰到好處的距離才能維持關係

面對新人時，保留適當彈性也是必要的，雖然沒有辦法告訴你，這邊有一條線，你不能跨過這一條線，但有時候你往左一點，我往右一點，雙方只要沒有覺得不舒服，都可以接受。可是，如果兩個人站得非常近，你的眼睛貼著我的，我又跟你不熟的時候，那真的會覺得很彆扭、很尷尬。一旦侵犯彼此的絕對領域時，就容易造成緊張。

主管叫你幫助新人，你不能完全不管他。最差就是原地不動，卻不能因為怕麻煩結果避而遠之或逃之夭夭，刻意距離他很遠；如果你不動，但是新人願意往前一步向你請教，或是新人不動，你往前一步，主動問有沒有什麼需要幫忙的，這樣雙方的關係靠近，但又保持了彼此尊重的距離。

假使兩個人都能向前一步，關係變得密切了，很多事情都能快速進展，一個願意教、一個願意學，學習成效一定看得見。然而，如果有其中一方動作太大、太快，實在是貼得太近，就會讓另一方有不自在的壓迫感，這時候關係就會出問題。

假設兩個人之間的合理距離是十公分，一旦你跨越過這個距離，對方一定會往後退，直到雙方再度保持合理的距離。要是你逼得太近，近到只剩下一公分的時候，對方說不定會一邊退、還一邊想把你推開、推遠，這個學習和教導的組合就會立刻破局了。

太過雞婆或太過冷漠，在職場裡都不是好事，對人際關係也有所影響。但至少不能雞婆到連人家手機裡收到什麼樣的簡訊都要關心，也不能明明就是身邊的同事犯了錯，卻故意不告訴他，讓他一錯再錯，連客戶都打來抗議了還不管。

如果你問我，怎麼做才對？我想我會說，其實沒有對錯，重要的是要尊重對方，也要有禮貌，更要重視職場倫理，才能保持彼此關係和諧。

06

指導並不是罵就有效，而是要激發學習動機

我們教導和指正的目的，是為了讓新人聽進去，知道自己犯錯，願意虛心改正。當然，要保持良好的人際關係，也不能老是端架子或打馬虎眼。明明對方做得不好硬要讚美，對方做得很好，還硬要挑毛病給建議。凡事要就事論事，絕不能用情緒來解決問題。

罵不代表教

有一天我到一家小吃店吃飯，這家店生意很好，總是大排長龍。那一天我一坐下，耳邊就傳來一個嚴厲的聲音：

「喂！一桌客人已經走了，你還不快去收桌子！」

這時一個人影咚咚咚跑過我桌邊，趕到一號桌去收拾碗筷。

看來這家店剛來了新人，出聲的是比較資深的老面孔。

又有客人站起來準備結帳，老鳥又說：「喂！你在摸什麼，客人要結帳了！」聲

音依舊很嚴厲，菜鳥又咚咚咚跑到收銀台去。還沒找完錢，一下被叫去帶位，一下又被叫去出餐。老鳥的聲音越來越沒耐心，我真的覺得大概再唸下去，連「你豬啊！」之類的不雅言詞都會冒出來了。

相信看到這裡的讀者們，應該會跟我一樣好奇，到底什麼時候才有人要來幫我點餐？

「人非聖賢，孰能無過。」孔夫子都這麼說了，就表示只要是人，就有可能會犯錯。新人剛學，當然更有可能犯錯。

從這個故事裡來看，不只新人有錯，其實老鳥錯更多。工作教導不是光吆喝新人去做就夠了，指導錯誤處理的時候也不是大聲罵就有效。因為就算是主管或前輩，也沒有權力去詆損別人的尊嚴，這一點一定要小心謹慎。

另外，除了工作實際操作上會犯的錯之外，有一些問題，可能發生在職業倫理或個人情緒上，甚至新人因為不夠了解、輕忽而觸犯到行業潛規則。部門裡每個人其實都有提醒新人的責任，有機會就要說，否則新人不小心犯了錯，負責帶領他的人，恐怕也難辭其咎。

如果新人在學習的過程中出了錯，輔導員要用溫和但堅定的口吻讓他明白錯在哪裡？為什麼錯？然後及時改正過來。

既然指正錯誤是我們的責任之一，怎麼說、怎麼做就要很有技巧了。

新人快要跌倒時，適時拉他一把

先說一個我以前的經驗給大家聽：

在我的第一份工作中，我換過兩次職務，一開始是當HR，後來轉調採購。我在那個環境之中當過兩次菜鳥。很幸運的，在這兩次經驗中，我都有從前輩身上學到經驗，這對於日後的我產生了不少的影響。

剛開始，我因為在武陵高中校友會的迎新活動中表現亮眼，獲得學長的注意，由他幫我引薦到知名電子公司當HR。

剛開始對於HR的工作很不熟悉，往往是學長任務交辦下來，我乖乖照著做。或許是工作技巧還不得要領，我常常會加班到七、八點還沒做完。有一次，為了辦一場企業旅遊的活動，我必須負責把所有參與的人的名牌做好。那是個還沒有完全電腦化的時代，很多東西都得手工完成，例如：裁紙、寫名字、貼膠帶等，當然一下子桌面上就滿慢滿的都是紙屑、膠帶邊，剪刀、美工刀、長尺散放各處。

眼看已經超過八點多，肚子又餓，雖然還有一些沒做完，但我準備明天早點來做。當我開始收拾東西準備回家時，才一站起來，椅子才靠上，人都還沒走出辦公室大門，背後就傳來一聲大吼：「等一下，你去哪裡！」

回頭一看，學長怒目坐在他的座位上，手指正好指著我。

我有點嚇到了，畢竟學長雖然做事一板一眼，但是他從來沒有以這麼嚴厲的態度對待我。

「報告學長，請問怎麼了？」

「你看看你的桌子！亂七八糟！我不管你事情有沒有做完，至少桌面收拾乾淨再走！」

或許是被學長的口氣嚇到，我摸摸鼻子走回自己的座位上，默默的把桌上的文具全都收進抽屜裡，壁報紙捲成一捆，紙屑等垃圾丟到垃圾筒。總算一切收拾乾淨，桌面每一份文件夾都排得好好的，我才抬頭對學長說：「報告學長，我收好了，先回去囉。」

學長說：「文憲，你要記住，做事跟做人一樣，絕對不能亂七八糟。就算只是自己的辦公桌面，也要收拾得整整齊齊的。」

「報告學長，我知道了。」點了點頭，我離開辦公室，心情有點沮喪。

我當然知道自己有點便宜行事，但是被學長這麼大聲吼，就算沒有旁人看到，心裡也很不是滋味。

後來，我發現自己和HR的工作不是很合拍，對於一些需要花費心思的細部作業，也常常沒什麼耐心，當公司發布了採購部門的空缺，我就主動申請了。想不到，學長聽到我想轉調的消息，並沒有暴怒或生氣，而是要我坐下來好好思考這個決定真的是我要的嗎？畢竟我在HR的工作已經越來越上手了，如果現在轉調採購，一切都要從頭開始，又是菜鳥一隻。

我認真的說：「報告學長，我想清楚了，我想去試試看。」

學長笑了，像是贊許我的成長，不但批准了我的調職申請，還幫我到採購部門打招呼，請對方好好照顧我。果然，我學到了很多。

現在，我不但養成了離開位置，一定會把所有的東西都整理好的習慣，就連文件資料也都整理得乾乾淨淨，這都要歸功於學長當時的一「罵」。所以，好前輩適時的提點，對於菜鳥來說，可能會受用一輩子。

雖然，學長那時如果好好說，我應該也還是會記得的！

重點tips

- 帶領新人失敗的原因有三：1.你覺得帶新人沒用，2.你沒有時間，3.你沒有帶新人的技術。
- 解決方法：1.為自己和新人設立目標和期限，透過改變，積極行動。2.做好時間管理，以更有效率的方式帶領新人。3.磨鍊工作教導的技巧，學習引導和激勵等管理手法，強化口語表達，排除你與新人之間的溝通障礙。
- 給新人設定的標準不要一下子太高、追求完美；先求有做，再求做完，然後才是做對，最後新人如果能夠自己做好，就是輔導員的成就了。
- 能當輔導員的人，通常工作表現也一定很好，然而最容易和新人產生磨擦、發生衝突的關鍵原因，也常常出現在「員工差異性」上。輔導員往往容易用自己的標準來評斷新人的表現，覺得新人好像什麼都做不好。可是別忘了，新人不是你的複製人，他也不用過跟你一模一樣的人生。
- 適時放鬆和放空，可以讓輔導員在執行帶領新人任務時，不會太過緊繃，反而造成新人壓力，降低學習效果。

PART 4

讓帶新人成為提升影響力的跳板

01 還沒當主管之前，先學管理和領導

管理和領導，可說是每一位主管必須隨身配戴的兵器。如果你在還沒當主管之前就花時間、找機會好好磨利你的兵器，等到當了主管，當別人還在茫然摸索時，你已經能全力帶隊往前衝了。

帶好新人是升主管前的必做功課

一般來說，主管在準備升職某個人的時候，會先開始授權、交辦重要任務。待持續觀察一陣子，考核合格後才會正式升職。

關於提拔部屬，通常主管會非常謹慎去考量；因為職位賦予出去，要再收回來並不容易。大家應該也感受得到，在台灣的企業裡升職的確很普遍，降級卻不常見，除非是犯下了重大錯誤才會開除他。

由此可見，每個員工都處於被觀察的狀態。我們在工作上的一舉一動，都攸關著我們的未來。然而，憲哥並不鼓勵大家勉強自己戴上虛假的面具，每天阿諛奉承或是

假意討好；因為任何演員登上舞台終究要有退場休息的時候，不可能演上一輩子，一旦面具破裂、露出馬腳，將造成更大的傷害。

所以，不要去想怎麼做出最完美的表現，而是在面對問題的時候，真誠的回歸自己的內心，問問自己：想要怎麼做？想要得到什麼樣的結果？

如果你還不是主管，但有心想成為一名主管，這表示對你自己的工作領域已有相當的熟稔，而且想要尋求突破。這是很好的動機，能幫助我們成長。

那既然想當主管，就要先做功課，想想當主管要做哪些事？想想當主管需要負哪些責任？當然也不妨想想，一旦到達你想要的位置，你可以獲得什麼樣的權力？得到什麼樣的報酬？可以做些什麼不一樣的事？如果你想得越清楚，就越能評估現在你有沒有資格當主管，也能問問自己是不是真的想成為一名主管。

我不只一次提到，有目標才有策略，目標不同策略就不同。如果升職當主管是你的目標，你應該對你的目標有更多的了解。

很多人當上主管之後，才發現自己像新手爸媽一樣，等到生了小孩，才開始學怎麼當父母，往往都得經過好長一段時間的磨合，在許多手忙腳亂的過程中，才慢慢摸索出照顧孩子的訣竅。

所以，憲哥建議大家，如果往基層主管邁進是你的目標，不妨可以及早開始做準備。從工作之中多去觀察你的主管，看他在做哪些事？看他如何面對問題、處理問題？了解他因為具備了哪些能力才能勝任主管的工作，我相信一定能給你不少啟發。

「帶新人」就是最好的時機。因為當一個輔導員雖然不一定有正式職位的權力，但是，這個工作也一定要有主管的部分授權才能進行。所以，藉由這個機會去試試自己的能耐，看看自己到底做好了多少準備。

一般基層主管每天都在做的事有下列三項（圖4-1）：

第一是管理。任何人以外的事物都需要管理。舉凡器材管理、人員調度、時間管理、檔案管理……主管對於部門

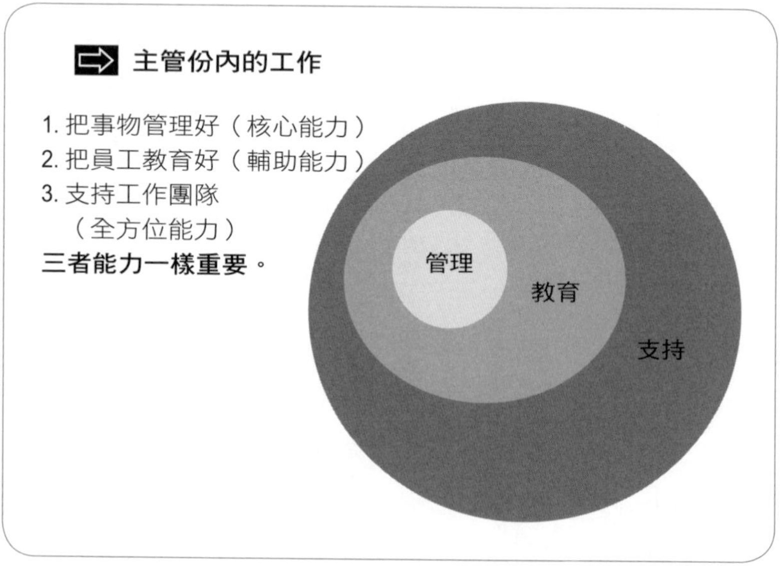
主管份內的工作
1. 把事物管理好（核心能力）
2. 把員工教育好（輔助能力）
3. 支持工作團隊
（全方位能力）
三者能力一樣重要。
管理
教育
支持

圖4-1

內的一切事務都要了然於心，運用方法去管理，讓人、事、物能順利運作。我覺得在這個環節裡，關鍵能力就在於如何活化管理能力，打造精實團隊。

第二是教育。主管的工作不在於執行業務本身，而在於如何讓部門內的人員去完成任務，所以，主管是一個輔導員的角色。部屬不會做，要盡力幫助他具備所需的技能；部屬能力不足，要激勵他成長，主動去學習；部屬怠惰，要想辦法激勵熱情，提升動機。

簡單來說，主管所要關照的重點不再是自己能做多好，而是怎麼樣協助下屬動起來，要以整個團隊的成就為考量。

第三則是支持。天有不測風雲，人有旦夕禍福，沒有人敢保證永遠不會有問題發生。很多人的工作本身，就是在解決每一天可能層出不窮的各種問題。主管的角色，不見得一定要親自去解決所有的問題，但是主管必須成為員工的後盾，在心理上和物質條件上盡量給予支持，讓員工可以無後顧之憂的去衝刺。再來，主管也要有肩膀、有擔當，遇到狀況要能站在員工身邊，一起承擔責任，因為，好的主管在員工努力的過程中一定會保持陪伴、追蹤了解，一旦員工走錯了方向就要予以教育修正，導回正途；而不是放任員工任意行事，等闖下大禍了才推得一乾二淨。

要做好這三件事，得具備前面提過的技術、人際關係、概念等三種主管的核心能力。如果你想當主管，這些能力你具備了多少呢？

隨時轉換角色，自我磨鍊

我覺得當輔導員和帶新人是很好的自我檢測良機。從帶新人的過程中，你可以很清楚自己的技術純熟到什麼樣的地步。如果你不只很會做，而且很會教，這表示你已經駕御了技術本身的種種訣竅，擁有個人的資訊權，甚至專家權也實至名歸。

再來，你知道帶領新人到各部門單位去介紹認識環境時，其實是提升你人際關係能力以及塑造自我定位的好機會。

因為單位裡補人，就是希望新人來了以後，不只願意繼續留下來，而且要對部門有貢獻。這時候，透過一個簡單的形式，一方面讓新人對自己未來所處的工作環境有所了解，不只能夠幫助他更快速的融入公司文化，另一方面，也可以透過帶領新人了解各部門間的人事關係，同時幫助自己在團體之中確立地位。

「大明，這位是營業部的王經理，他是我們公司最資深的主管之一，做事很明快、有魄力，他們部門每年都是公司績效的TOP1，一直以來都很照顧我。王經理，跟您介紹一下，這是我們部門新來的同事李大明，未來他會先幫我處理物料採購方面的業務，如果往來上有什麼不懂或做不好的地方，請王經理和您部門裡的同事多多擔待了。

「哎呀，這麼客氣，你帶的人還會有問題嗎？放心，我交代一下，以後業務處理上有什麼疑問，盡量多問，我會請張祕書協助他的。張祕書，小孫他們部門有新人，你以後看情況多幫忙關照一下。……」

光是這樣在各部門間多繞上一圈，至少可以達到三個目的：

第一，新人可以從介紹的過程當中，初步了解部門間的往來關係，以及各部門中哪些是業務上重要的key man。

第二，做面子給key man。透過非正式、半公開的介紹過程，直接讓現場所有的人明白，key man對於別的部門來說，有何標竿地位和影響力；同時由key man來發聲，傳達互助友好的訊息，透過他的影響力來幫助新人面對未來可能發生的狀況。

有時候，這個key man不盡然等於主管，有時候甚至是該部門裡的明星球員、主力選手，或是業務相關的關鍵人物；基於這個理由，很多人看到有新人來「拜碼頭」，內心都暗暗希望自己是被點為key man的那個人，藉此證明自己的影響力。

第三，展現出自己在部門間的專業影響力，同時也確立自己在職場人際關係中的定位。想想看，當你能帶新人來別的部門介紹時，無形中就讓別部門的同事知道，你在你的部門裡已經不是菜鳥，而是邁入資深位階了。更不用說透過這段小小的儀式，可以強化你和 key man 之間的聯繫關係。也更為自己在新人心中奠基了專家權，對新人產生影響力。

憲哥強烈建議有心想要往主管層級躍升的人，前面所提到的幾項能力，有機會不妨可以在心裡沙盤推演，自我練習；只要主管的核心能力練成，想要直取主管寶座，相信時間也不會等太久。

工作上遇到任何事件，不妨在心裡自問自答：「我們的班表排得真爛，如果讓我來排的話，我會這樣做……」、「新來的總機問題很多，我覺得都是帶她的人沒帶好的關係，要是我來教的話……」、「上次奧客阿伯又打電話來亂罵，罵到接電話的客服都哭了，結果她的主管竟然還不接手處理，要是我的話……」藉此自我磨鍊。

然而，也不要忘了，以上種種念頭雖然可以想，但不能插手也最好不要抱怨，因為那還不是你的工作。不過你可以先思考，如果這件事由你來做，你需要注意哪些事？你還需要哪些能力？等你有了職位就能名正言順去處理了。

02 給新人機會：開班不開除，用人不留人

新人之所以無法進入狀況，這是專業問題？還是熱情問題？如果新人有諸如此類的問題，我有沒有辦法去協助他改善？所謂「開班不開除」，就是不要動不動就出最後大絕招；要解決問題，開除當然是最簡單的招數，但卻不見得是最有效果的方法。

給新人機會也是給自己機會

很多資深員工在被任命擔任輔導員之後，發現自己很難適應，因為不管事前做了多少心理準備，最後發現必須帶領的新人完全超乎自己的想像。

一般聽到的抱怨可以分為以下幾種：

- **沒禮貌、不懂察言觀色。**
- **總是在很忙的時候來問問題、或狂出紕漏。**
- **教很久還是做不好、聽不懂。**

- **明明教過很多次還是會忘記，同樣的問題一問再問。**
- **不懂裝懂，意見很多。**
- **自我意識過高，很難溝通。**
- **自以為是，態度惡劣。**

其中比較嚴重的問題還是在於新人無法勝任自己的工作。畢竟工作團隊是每天不斷運作的，大家的工作都很忙，不太可能一直停下腳步等新人跟上。所以，如果真的是不適任的新人，我認為還是要明確回覆給主管好好思量該怎麼處理，不用自己獨扛責任。

但是，我也建議大家，在判新人死刑之前，是不是也應該換個角度思考看看，還有沒有改進的機會？

憲哥自己的理念很簡單，就是十個字：「**開班不開除，用人不留人**。」

因為，新人走了，工作人力還是不足，終究還是要再補一位新人進來。試問，我們真的能夠保證「下一位新人會更好嗎？」如果更恐怖的話，怎麼辦呢？更重要的是，你連眼前這個新人的問題都搞不定了，你又怎麼知道你能搞定其他人的問題？

所以，我建議，遇到新人有狀況的時候，多給一點時間和機會，如果新人真是朽木，那到時候再開除也不遲。**「先教看看」**，會是一個比較好的因應手法。

「他做不好，會不會是因為他不夠了解？我再說明清楚一點看看吧！」

「他之所以每天遲到早退，會不會是因為家裡有什麼狀況或難處？不然找一天中午約他吃飯，先聊一聊好了……」

也許，就在你多一點嘗試、努力和關心之後，新人也能被你的熱情所感染，重新正視自己的工作態度。

我在中壢當店長的時候，店裡有一位菜鳥每天都拖到很晚才來上班。有一天我終於忍不住了，在午休時把他叫進會議室裡，問明了原因以後，才知道原來他一直以來生活習慣都不好，晚上很晚睡，早上起不來，到了公司沒有幹勁，相對的業績也很難看。

我沒有罵他，但是也很清楚明白的告訴他，現在是在上班，不比學生時代，公司的紀律還是需要遵守的。於是，我給了他一個選擇的機會，一是他自己想想是不是要再繼續這份工作；二是接受我給他的挑戰和訓練。

他思考了一下以後，選擇了第二個選項。

我說：「好，那你從明天開始，每天早上八點以前先去海華社區附近站崗，一直站到九點進辦公室。我要你去記錄每天早上在海華社區附近活動的是什麼樣的人，再把報告交給我，順便告訴我你對那個商圈的想法。」

他答應我了。剛開始，每天要八點早起到海華社區報到，當然不是一件很容易的事。於是我七點半給他 morning call，確認他已經起床出門。但是漸漸的，他的報告內容不再空泛，也因此對商圈更加熟悉，畢竟白天和夜晚活動的族群真的有所不同；後來也開始談幾件案子，工作的熱情就漸漸磨出來了。

不到兩個星期，我就不再需要親自打電話 morning call了。

新人無心，即不強留

我給他一個改變的機會，他也因此改變了。店裡的人力從此多了一名生力軍，三方都受益。雖然在過程中我必須多付出不少心力去帶領他，但是我認為這樣的投資相當值得。

但相對的，如果新人自己都不想再嘗試或再努力，我也不會強求，這就是「用人不留人」的道理。你能為我所用，我就盡量給你機會表現，你當真想要走，我強留也沒用，不如放你自由，大家還能好聚好散。

沒有一個人可以永遠被綁在同一個位置上。再適合的工作，只要他覺得還有另一個工作更好、更適合他，他就會有興趣。

我們帶領的目的和核心精神，就是讓新人在他的位置上好好發揮戰力，期待他早日成熟，就算有一天他想要輪調別的工作、別的部門，我們也只能祝福他。

如果他在我的部門裡表現不好，卻對另一個部門有興趣，一旦那個部門的主管來向我詢問他的狀況時，我也會如實地將他在我部門裡的表現坦白告知。我無法替那個部門的主管做決定，但是我仍然可以告訴他我的觀察和判斷，提供他做為參考。

身為基層主管，大概常常會遇到留人的問題，如果真要我來說，我會建議在選人之前就要謹慎思考。如果工作的取代性質很高，誰都可以做，這種類型的工作本來流動性就容易高，整個部門也容易陷入一直在重新帶人的狀況。

既然無法避免，與其去想如何留人，不如更積極思維如何更有效率幫助員工上手，讓用心盡力的資深員工可以獲得不同的成就感，得到更多成長空間。至少大家在運作的過程中都能有所收穫，新人不至於什麼都不會的離開，資深員工也可以磨鍊管理和帶領的能力。

相對的，如果是很難取代的工作，那麼，一開始就要特別慎選員工，盡量讓專業又有熱情的人來做，否則最後徒增彼此困擾，不只訓練成效不彰，等待新人上手的時間也曠日廢時。

03 給新人稱讚：魔術方程式＋三明治回饋法

口語表達是主管的重要核心能力之一。對輔導員而言，學會怎麼說話、怎麼向別人闡述或說明意見，讓聽的人很清楚得到指示，是一項很關鍵的先修課程。

正面引導的魔術方程式

輔導員不能光以自己為出發，而是要站在新人的角度去思考，去想新人需要知道什麼？要聽懂什麼？用什麼方法可以讓他們明確了解？

除了工作本身的教導之外，一些領域潛規則、職場倫理或生活常規等等，其實也需要由輔導員來傳達。這種時候當然就不能運用「我說給你聽」、「我做給你看」、「讓你做做看」等操作性質較鮮明的方法來教導；面對需要傳達或指示時，我建議不妨可以運用魔術方程式來簡短又精準的傳達你想說的事（圖4-3）。

透過魔術方程式來表達，步驟很簡單，很適合運用傳達在指示型的工作要求上。

先說事件，把問題的前因後果用兩分半說清楚，為什麼要提出這個要求？因應什麼樣的道理？事件的起因是怎麼來的？盡量清楚交代。別忘了，一定要針對事件本身去說明，不要把話題繞遠了，最後收不回來。

接下來的半分鐘，先用十五秒把你的請求明確精準的說出來。「明天請你提早二十分鐘到公司。」或是「下次看到其他部門的主管要主動打招呼。」等等，不要含糊其事，要說得清楚明白。

最後的十五秒要說的是，如果新人做到你所說的要求，他可以得到什麼樣的好處，這個好處當然最好能夠讓新人「很有感覺」，例如：「我

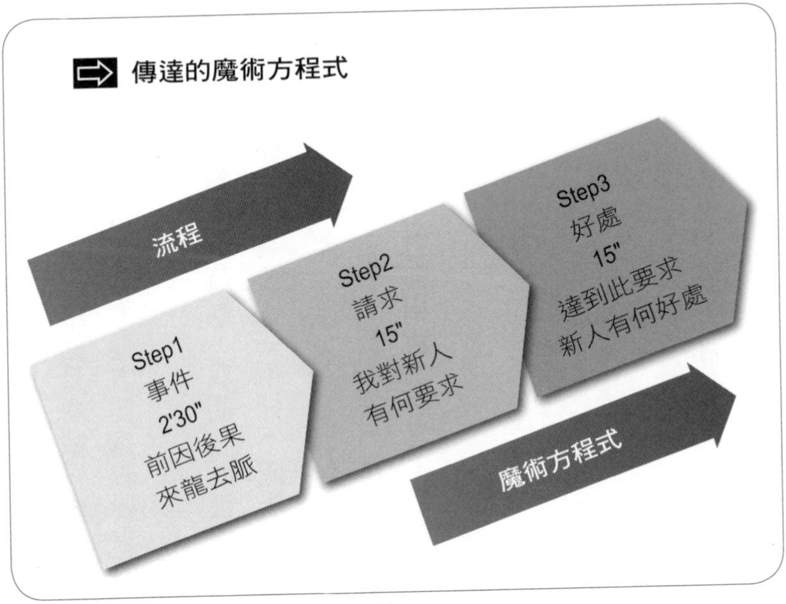

圖4-3

們提早開始搬貨，店長說只要全部搬完就可以休息了。」、「老闆說，這個案子準時交出去的話，我們就能每個人多一天休假。」、「經理說，這個月業績只要多百分之二十，他就請全部門吃披薩。」好處愈明確，新人愈清楚知道他需要達成要求的急迫性，通常配合度也會愈高。

另外一種很需要口語表達技巧的時機在於指正新人的時候。我們前面也提過，新人如果犯錯，一味指責謾罵並不見得有效用，縱使古語有云：「不打不成器」，但是在當今職場內已經漸漸的不流行這一套了。

如果你罵得對、罵得有技巧，也許新人還願意聽；但是如果你只是兇巴巴的指責，最後又沒有讓他知道為什麼被罵或是該怎麼改進，對你和新人而言，都是白費時間。

指正新人，我建議善用「三明治回饋法」。

三明治回饋法

什麼是三明治回饋法呢？就是說話的內容要有層次，就像三明治有不同的夾心一樣，我們說的話也需要包裝，最好一層夾過一層，不要全說好的，也不要全說壞的，而是分三個層次：

（＋）1.先說正面意見：「你的意見很好。」或是「你做得不錯。」

（－）2.再提缺點：「但是以前我們都這樣做……」或是「可是這個地方有點問題……」

（＋）3.再給正面回饋：「你這個做法也算不錯，但是我給你一個建議……」

如此一來，新人不會覺得自己一味被否定，也會因為說話者的態度不是嚴厲指責，而願意去聽說話者所要談的內容。其實有沒有犯錯自己心裡都知道的，如果被人公開指著鼻子罵，惱羞成怒的下場就是乾脆擺爛或死不認錯，這些都不是我們要的結果。

而且在三個階段裡，就算真正的重點是中間那個該缺點的指正，但是前後各以正面的態度去包裝，聽起來多少會比較順耳。大家都有台階可以下，還是能保持表面和諧。

所以，先稱讚，再提點，最後再用鼓勵和建議當結尾。別忘了，態度更要誠懇，如此一來，新人的防衛降低、內心能夠理解並服從，指導才能真正發揮效用。

舉個例子來說，我在新竹北大店當店長的時候，曾經有一位業務員在會議裡當面對我吐槽，而且態度相當不佳。

「台北是台北、新竹是新竹，你不要老是把台北那一套搬出來，那些都不管用啦！」

由於當時顧及會議還在進行，我先把幾項要點要求佈達清楚後，就提前結束會議。散會以後，我要求那位員工留下來，由我單獨跟他談。

他當時的態度仍然非常糟糕，一副看你能把我怎麼樣的模樣，惹得我一肚子火快冒上來。不過我沒有打算跟他拍桌對罵，畢竟那根本無濟於事。

於是，我耐著性子問：「你今天在會議上，為什麼要那樣說話？」

「沒有啊！本來就這樣啊！台北跟新竹本來就不一樣！台北能做的，我們又不一定能做！」

「好，我知道你其實是要告訴我，不同的商圈要有不同的經營模式，這個想法很好，很謝謝你提醒了我。」→**先說好話**。

「但是，你這樣在會議裡當面吐槽我，非常不妥。你不只讓我這個店長很沒有面子，而且嚴重干擾到會議進行。這是所有人的時間場合，不是看你表演的舞台，我不得不針對你的態度，要求你改進。我希望你以後有任何意見，隨時私下來找我談，不要在會議上浪費大家的時間。」→**明確指出缺點，要求改進**。

「我會把你的意見納入考量，因為你提醒我一個重點，台北和新竹商圈性質確實不同，我會再想想可以怎麼調整，以後大家會比較好做事。這樣好了，你明天先交一份報告給我，把你對新竹商圈的看法寫出來，讓我做為參考。」→**再給正面的積極建議**。

同樣是說話，同樣是意見表達，技巧不同、態度不同，就有完全不同的效果。我建議大家平常就要多做練習，這樣臨時有需要表達意見和想法的時候，就能自然而然的派上用場了。

04 時間管理：讓自己來當團長

上班族每天辛苦工作，彼此耳邊最常聽到的一句話就是：「我好忙喔！都沒時間……」我同意，大部分的企業主不會希望員工「很閒」。也許很多人的工作負擔真的過重超出自己的負荷，但不可諱言的是，有更多人之所以沒時間，不是真的因為很忙，而是做事沒效率，不懂時間管理。

有效率的處理事務

很多人明明下午要把企劃案交出來，但是一直到中午都還在開跟自己沒什麼關係的會議。明明等一下就要交貨，手上的客訴電話卻還是放不下來；明明工作已經忙到不知所云，每天還有上百封電子郵件要看，十數封急件要回……聽起來好像都忙得很有道理，但我卻覺得很多事情如果透過合理分工、授權和管理，其實可以樣樣周全。

大部分有時間管理方面問題的職場工作者，大概可以歸納出以下幾項盲點：

- **缺乏目標。**
- **分不清楚事情的輕重緩急。**
- **常受電話和不速之客等干擾。**
- **工作環境雜亂無章。**
- **不能說「不」的爛好人。**
- **凡事拖延的壞習慣。**
- **想要一次把眾多事情完成。**
- **不懂授權，任何事都要事必躬親。**
- **參與過多冗長及不必要的會議。**
- **沉溺於無意義的活動。**

由於以上十大盲點作祟，導致很多人的時間怎麼樣都不夠用，該處理的事情也經常亂成一團。其中大部分屬於個人的壞習慣，例如：不懂得設定目標、無法說「不」、凡事拖延、過度要求完美、不懂授權或沉溺於無謂事務等等，都是造成「沒有時間」假象的重要元凶。如果可以試圖改變、積極嘗試改變的行動，我相信長久下來情況一定會有所改善的。

憲哥二十幾年來的工作經驗裡，「有效率的處理事務」是我很大的一項長處。一直以來，我總是能準時把該進行的工作如期完成，很少有拖延的狀況發生。近幾年，離開企業環境獨立創業，經營講師事業，事情只有越多越雜，每天都要面對不同的工作夥伴、不同的企業、不同的學員；但是，我依然可以很有效率的把工作完成。

除了顧問公司每一堂課派來協助的助理和每天接送的司機之外，我身邊的一切大小事都由我一個人處理。很多人都會好奇我是不是有什麼好幫手，才能這麼有效率。

其實，我幾乎沒有應用什麼特別的工具來進行時間管理。早期工作會抄筆記，後來有了電腦之後，就用excel來記錄我的各項行程以及工作細項。

工具不是重點，重點是你要運用這些工具來做什麼事？

我目前在工作上最重要的兩個表單就是「課程行事曆」和「課程彙總表」，這兩個表單我一定天天update。成功的關鍵在於簡單的事重覆去做，不管再小的事，長期累積下來，每一項資訊都有可能成為資源。所以，不管任何工具，只要用得習慣、用得喜歡，能夠持續不懈去做，就是最適合你的工具。

接下來會阻礙我們工作的，就是外力的干擾。

在前面提到的十大盲點裡，跟個人有關的可以依靠習慣的改變或不斷的練習來扭轉。但有些是來自其他人或環境的干擾，就需要我們特別仔細去檢視，到底問題的癥結是什麼。

以電話和不速之客來說，表面上看來好像是突發狀況，往往不太能管理，但其實真的要做還是做得到。怎麼說呢？假設你今天在趕一份報告書，可是剛好有重要客戶打來，這時候，先以最快的速度、最精簡的提問搞清楚問題的重點，然後區分輕重緩急。除非是真正要緊的，才放下手邊的工作去處理，其他的狀況都可以和對方重新約定時間，再仔細把問題解決，反而讓對方有被重視的感覺。

把握團長的掌控權

在馬戲團裡，只有一個團長，其他都是動物；由團長發號司令，動物都要乖乖聽話。

在職場裡，很多時候，我們不知不覺把團長的身分交出去，讓別人來當團長，自己則變成動物只能乖乖聽話。人家叫你幹嘛你就幹嘛，這就是動物了。

我舉個e-mail的例子來說明。因為電子郵件很方便，每一封信想寄給誰就寄給誰，一個按鍵就可以一下子寄給一堆人，然後大家每天一到公司打開郵件信箱，總是一大堆未讀郵件。可是，這些信件真的每一封都值得讀嗎？

在安捷倫工作時，有一回我收到一個隔壁部門祕書寄來的信件，信件主旨上寫著「一個讓我困擾又不知該如何是好的事件」。郵件上還加了「高重要性」的標籤，收信者五個人，然後連同我在內還cc給另外八個人。一封信既是高重要性又to給這麼多人，看來是很重要囉?!

打開一看，信的內容寫著：「星期五某客戶來電詢問，儀器維修後送返時造成後殼碰撞凹陷的案件，什麼時候可以回覆。客戶希望最慢能夠在星期二以前得到答案。」

當時，儀器硬體銷售與快遞送件，這一塊不是我的業務範圍，這個讓她「既困擾又不知該如何是好」的事件，根本不干我的事。其實她只需要寄給她想詢問的對象即可，頂多副本給她的主管一個人。就算看信不用花上太多時間，但是一天只要多看幾封這種明明跟自己沒關係、又不重要的信件，工作時間就會在不知不覺中被蠶食鯨吞了。

如果這個祕書是我部門裡的人，我一定會把她叫過來再教育一番。畢竟如果連事件主旨都寫不清楚、連公事上的輕重緩急都不能分辨，這不只是能力有瑕疵，還會浪費其他人的時間。假使你所帶領的新人有類似的毛病，我也建議最好能在新人階段就予以改正，否則他日後不只會造成自己的麻煩，也會造成同事和主管的麻煩。

另外，有些新人會一直來問問題，我建議還是要先評估輕重緩急，不能不理會問題，但是可以依問題的嚴重性和急迫性去規劃適當的時間來處理。

如果你把帶領的新人當猴子放在脖子上，這隻猴子一輩子就跑不掉，但是牠也會成為你肩上重不可遏的累贅，每天在你脖子上跑來跑去。

新人有事情不懂，當然需要問；但是我們的重點應該放在訓練他，讓他找到解決問題的方法。

如果只要他問你就告訴他答案，而不讓他知道解題方法，他下一次再遇到問題還是會再來問你，而不會先想辦法解決問題。除非你的工作就是整天幫他解決問題，或是坐鎮辦公桌前等他來問，否則你應該教會他遇到問題時可以怎麼做，幫助他學會想辦法。

給大家幾個指標參考：

第一次來問，告訴他答案。

第二次來問，帶著他做，一起找答案。

第三次來問，給他兩個提示，讓他自己去找答案。

第四次來問，我已經教過你了，接下來要靠你自己想辦法。

直接告訴他答案，不是不好，但是他就只是背答案，以後肯定不會觸類旁通、舉一反三。可是一旦你教會他思考，他會自己想辦法找到出路。給他魚不如教他釣魚。

時間管理不難，難的是要不要開始管理。深入去觀察自己每一天的工作細節和時間安排，把記錄下來的工作狀況加以分析，找出吃掉時間的大怪獸，然後一舉將怪獸消滅吧！

05 學當教練：設立目標，關鍵時刻再出手

好前輩要像好教練，教基本技能、教重點、給支持，然後讓選手盡情發揮，說不定選手可以打出一場出乎教練意外的好球，那是教練以前未能達到的境界。雖然成就在選手身上，但我相信教練也會與有榮焉。

引導目標過多容易失焦

很多人在執行輔導員任務時，之所以會失敗，可能是遇到了某些障礙。這些障礙的起因，除了我們前面提過的工作教導技巧不好、溝通和表達上的問題等等，有一個很重要的因素來自於目標設定不清楚。也就是為什麼而教？為什麼而做？為什麼而學？這些問題沒有確實放進新進員工的心裡，讓他們不知道自己在做什麼，自然學習起來更加興趣缺缺。

輔導員的障礙

- 缺乏真正目的
  1. 不要為了做而做
  2. 不要導因為果
  3. 應具備相關性
- 員工恐懼與不信任
- 抗拒改變
- 指導技巧不足
- 小障礙與問題
- 語言障礙
  1. 單向溝通
  2. 不當問話
  3. 僅把焦點放在修復問題上
  4. 一味怪罪
  5. 沒有後續追蹤

這裡憲哥提出幾個引導和設定的方法，幫助大家思考在帶領新人時，可以怎麼去應用。

引導目標設定的方法與技術

- 目標盡可能單一
- 最多不要超過兩個目標或重點

- 不要牽強或硬ㄠ
- 分辨一下：緊急程度與重要程度
- 想想這個目標，你自己可以獨立引導？還是需要他人給予協助？

記住，不要一次給一大堆目標。雖然我知道新人一定有很多東西需要學，而學習的時間又不長，他們必須很快就得在戰場上獨自求生。但是，新人再怎麼努力，也不可能一下子被塞一大碗飯，嚼都不用嚼就吞得下去。

所以，盡量讓目標單一，重點最好不要超過兩個，也不要強牽硬扯，明明白白的讓新人知道，我們接下來要做什麼事，為什麼要做。一步一步踏實了，要跌跤的機會也就少了。

目標不同策略也不同

另外，輔導員必須清楚，達成目標的目的，是為了新人個人，還是團隊成就？問題到底緊不緊急？重不重要？目標不同策略也要有所不同，不能每一件事都用一模一樣的做法去硬套，才能達到真正想要的效果。

最後，仔細評估要達成這個目標，是你自己來帶就能夠做得到、做得好？還是要有其他資源配合才能完成。如果需要主管支持，就要在回報時清楚提出。不要自己一個人悶著頭做，等事情快開天窗了才想到要求援，那樣就緩不濟急了。

輔導員也是人，也不見得事事都精通，說不定只比新人多了幾年年資，有時候問題真的太麻煩，即使是資深員工也不見得搞得定。這種時候，你會怎麼辦呢？

有人在正式擔任輔導員之前很緊張的問我：「萬一新人問我的，結果我也不會怎麼辦？」

我想，這樣的擔心無可厚非，但並不需要太過緊張。畢竟人與人之間的相處和談話方式有很多種，應對進退也各有巧妙不同。

雖然自己不會，是可以藉巧妙掩飾而不讓人發現，但是，以我自己來說，我比較傾向**「不會就說不會，不懂不用裝懂」**。向新人坦白自己也有不懂之處，往往可以讓新人的心理壓力減輕，不會覺得自己在跟一個聖人共事，什麼都會、什麼都對，萬能到難以想像的地步。

我建議以下幾種做法：

1. **「好，我幫你問。」**針對問題去找好答案，再回來告訴新人。
2. **「他知道，你去問他。」**把問題拋出去，讓新人自己去尋找答案。

3.「嗯，你這個問題很好，我也很想知道為什麼，不如我們一起來找答案。」透過討論和找方法，雙方一起共同成長。

第三種方式我非常推薦，「不如你回去想想看，我也回去想想看，我們明天一起討論。」這個做法既不會讓新人覺得你什麼事都丟給他做，也不會讓你把所有的事都攬在身上，讓自己累得半死。

總之，不要怕「我不知道」這四個字會讓自己沒面子或丟臉，但是一定要展現出「我雖然不知道，但我會努力去尋找答案。」的決心與氣魄。教學相長，往往可以讓進步的速度更快；而且當你以身作則時，新人是會有樣學樣的。

最後，我會建議輔導員，在工作教導時，不需要像個拉牛耕田的農夫一樣，拿著竹鞭在背後驅策；要像球隊總教練一樣，站在球隊的前面設定目標，給予球員支持。畢竟真正上場比賽的是球員自己。除非狀況真的很糟糕或者球員體力需要調節，總教練才會叫暫停。

馬拉松的選手在訓練期間會有陪跑員，因為只要有夥伴在身邊，就可以幫助他們跑得更遠。我們同樣的，要與新人一起跑，而不是扛著他走。

06 學習信任：師傅領進門，修行在個人

不管是輔導員課程或是老鳥帶菜鳥，不論教的內容多豐富、多紮實；學習過程多開心、多愉快；工作教導到最後一定會有教完的一天。或許新人還像剛學步的孩子，走起來有點顫顫巍巍，好像有點不太穩；但是從那一刻開始，就是新人要獨立行走的時刻了。

該放手的時候請放手

有一句俗諺是這麼說的：「師傅領進門，修行在個人。」並不是說當人師傅的都那麼小氣，什麼都故意要留一手，怕有一天被徒弟追趕過去。而是當老師的人一定要信任學生，一旦把該教的都教完以後，就要相信學生自己會更進一步、更上層樓。

當新人日漸成熟、能夠獨立，輔導員的職責也可以從此卸下。因為未來你們就是一起共同打拚的同事夥伴，有事彼此相互幫忙，團隊成就共同分享。雖然不再有責任，但從訓練過程中彼此累積下來的情誼肯定不會消失，說不定反而沉澱為好交情，

彼此變成工作中不可或缺的好朋友。

如果輔導員放不開手，明明新人已經可以獨立作業了，卻還是藉「關心」的名義事事去干涉，久而久之新人就會覺得自己不被信任，或是表現機會被阻擋，雙方反而容易產生磨擦。

那麼，我們要怎麼判斷新人是不是已經學得差不多了，可以讓他畢業了呢？我們可以善用成效追蹤的策略來進行判斷。

- **觀察員工的態度。**
- **與員工口頭問答。**
- **書面測驗。**
- **看他做得怎麼樣，若不行，可以要求再做一次。**
- **適時給予建議、協助，鼓勵與回饋。**

一般來說，評鑑的方法有很多種，考試是最簡單易懂的方式。不管是口試還是筆試，都可以清楚看出新人學習的成果到什麼程度。在實際操作的過程中，也能很明確發現新人學會哪些了？哪些還要再加強？要如何對症下藥，給予加強訓練或進行補救練習？

當然，遇到「態度」問題，考試或許考不出來，但可以仔細觀察新人在學習過程中的種種態度和行為，然後針對有問題的部分給予指正。至少，要確定新人已經明白企業內的種種規則並且知道違反規則的下場。

一旦新人該學的都學了，該會的都差不多會了，就算還有加強空間，輔導員也要退居到一旁，當一位旁觀者或支持者。

最怕就是前輩不肯放手，什麼事都還是要攬回自己身上做；結果，新人無法獨立，自己也身陷在事情永遠做不完的惡夢裡。

越界管轄會有反效果

有一個朋友部門裡來了一個新人，他指派一位大約有一年多年資的員工去指導。結果，三個月後，那個新人跑來問他：

「報告經理，我真的有點無所適從了，我不太知道到底該怎麼做才對？」

「怎麼了？發生什麼事了？」

從新人口中，他才知道，原來他指派的資深員工教導是很認真，什麼事都會告訴他，但新人經手的每一件案子不管是不是由他負責評核他也會幫忙再檢查一次，只要一發現錯誤就貼上便利貼，告訴新人要怎麼改。常常每份文件到了他手裡，最後就會像是繽紛的蝴蝶翅膀一樣，貼滿了各色便條紙再交回新人手中。

故事聽到這裡，好像沒什麼問題，一定很多人會在心裡暗暗贊同：「嗯，真是個認真盡責的好前輩。」

但是，問題在於，隨著負責的案件越多，反而讓新人越來越困惑。因為好幾個案件，明明新人照他的意思修改了，但是送上去評核之後，又被丟回來。因為他的建議有一些反而是錯誤的，新人被要求要修改回原來的版本才能過關。

因此，新人覺得自己好像快要錯亂了。前輩好心說要幫忙看，不能拒絕；前輩指正說要改，不敢不改；但是改了最後還是錯，真的是無所適從。

我朋友身為經理這才去仔細了解，新人所言屬實。他找來資深員工談這件事，結果資深員工完全不能理解為什麼新人這麼不知感恩，因為他明明多花時間心力去幫他，結果好像「好心被雷親」，新人還找經理告他狀。

我想，這個案例裡的輔導員就是犯了「放不了手」的毛病，而且嚴重越界，雖然他是好意，但反而讓新人覺得很不舒服。

廟裡的千手觀音，受人敬仰；企業裡的千手觀音可就不讓人樂見了。明明是兩個人卻黏在一起，結果只做一個人的事，這種狀況如果上司再不出手管理，組織團隊一定效能不彰。

前輩放不了手，最後會演變成每一件事都撿回來做。如此新人永遠沒機會成長，而資深員工也永遠拋不開手上的基層工作，無法去追求更高的發展。最糟的是，如果前輩的意見和主管相違背的話，新人也會因此陷入「不知該聽誰的」的困擾。

教導的過程和時程，並沒有標準答案。不同的工作細節、不同的人格特質，有的一、兩個月，有的說不定需要半年，真的無法用量化的表格去一概而論。但是我認為教導者和學習者之間可以透過不斷相互確認，去尋找出新人可以畢業的時間點。

一旦輔導員覺得時間到了，也許是試用期三個月，也許是新人的表現已經可以獨立了；在那個時間點到來時，不妨在輔導員向主管報備新人可以「出師」之後，主動約新人吃飯。

「我帶你一、兩個月了，工作上的事我大致都帶你做過一遍了，你都會了嗎？你覺得你還有沒有哪些事想學或是有什麼問題想問？嗯，根據我的經驗，這項工作你應該已經學會八成了，接下來就讓你獨立去運作了。當然之後還有百分之二十的狀況，可能會還不會。但沒關係，到時候如果狀況真的出現了，別太緊張，你還可以來問我。我會的，一定告訴你，萬一我不會，我們也可以一起找答案、想辦法，看再去請教誰，你覺得這樣可以嗎？」只要新人也覺得自己可以了，前輩就可以放手退回到自己的崗位做自己的事，只要偶爾觀察新人進展的狀態，發現他真的遭遇困難再適時提供協助，這樣就算完成任務了。就好像是畢業典禮一樣，慶祝彼此都跨越過一個新的里程碑。

我堅信，只要好前輩帶領新人的方式讓人感動，這個成功經驗將會被複製，未來他歷練成為前輩也需要帶領新人的時候，心裡必然會以你為標竿和典範，長久下來，企業內「母雞帶小鴨」的輔導員氛圍也會因此成熟，形成良性循環。

重點tips

- 如果有心想成為一名主管，在還沒成為主管之前，就可以先開始準備，學習主管所需的核心能力，強化領導管理思惟，並且透過帶領新人的過程，進行實習。
- 新人的表現有問題，開除是最簡單的事。但是，可以的話輔導員和主管都該更加謹慎去面對問題，「開班不開除，用人不留人」，才不致於錯失良才，造成遺珠之憾。
- 工作指示可善用「魔術方程式」；先說事件的來龍去脈，再點出要求，最後不忘提醒達成要求有何益處。
- 教導指正則要常用「三明治回饋法」；先說好話，再明確指出缺點，要求改進，最後別忘了給予一些正面的積極建議。
- 輔導員最怕新人有事沒事胡亂問一通，又干擾工作又浪費時間。這時候，要讓自己當團長，由輔導員來告訴新人怎麼做，而不是反倒讓自己成了動物，隨新人的要求起舞，失去了做事的節奏。

PART 5

帶好新人創造雙贏團隊

01

以身作則：企業文化來自潛移默化

「以身作則」是一種典範權的展現。意即我做不到的事，我也絕對不會要求部屬去做；而我要求部屬要達成的目標，也一定是我自己能做到的事。這樣就算部屬或新人心裡有所懷疑，你仍然可以親身去做，做給大家看，讓底下的人學習。

團隊默契不是小圈圈

很多新人會問我：「公司部門裡好像存在著一些小圈圈，比方說有些人下班會一起去唱歌或是一起去打球之類的，像這一類社團活動，我要主動或積極去參與嗎？」

有趣的是，也有不少資深員工會問我：「新人剛來，大家其實都還不太熟，有一些同事私底下的聚會，一定要邀新人一起來嗎？萬一他沒興趣怎麼辦？我不是很喜歡有人被強迫才來的感覺……」

由此可知，其實大家因為在同一家公司、在同一個部門而組成團隊，但是其實被規範的只有工作上的合作關係而已。當然，部門裡大家感情很好，彼此像一家人，整體來說會有助於團隊和諧。而接納新人和新人主動融入工作環境，也是有助於團隊默契養成的好方式。但我卻不覺得新人剛進來的時候，一定要很快參與同事私底下的活動或加入某個小團體之中。

畢竟，每個人都是獨立的個體，對於工作期許和人生規劃也不盡相同；能夠多一個志同道合的朋友固然很讚，但是引進新人的目的，主要還是要能順利執行業務。假使因為彼此對於團體認同有所歧異，而連帶影響到工作成效，那就不好了。

如果你真的希望邀約新人加入，也必須尊重新人的意願。公歸公，私歸私，不能混為一談。

不過，如果員工社團或是公司組織裡原本就有很好的企業精神或很好的風氣，希望上下一心，齊心合力，倒是可以透過引導等方式，讓新人慢慢了解、慢慢接受。

所謂的企業文化，除了領導人本身的風格之外，有更多的成分是來自於企業裡每一位員工真心信仰的價值觀。新人初來乍到，或許沒什麼感覺，但是一旦他真心想成為團體中的一份子，必然是他對這樣的價值觀產生了認同感。

而這些價值觀的傳遞，有賴於主管和資深員工以身作則的帶領和潛移默化，才能一點一點被內化到新人心底。

我初到華信銀行時，因為曾經是房地產top sales，所以進入銀行業雖然同樣是業務性質的工作，但是很多細節和做法都有很大的差異。幸好那時雙和分行游襄理一直扮演著好前輩的角色，讓我慢慢熟悉銀行的作業模式。無形中，我也從許多同仁前輩身上，理解身為銀行業的一員，要具有什麼樣的工作態度。

後來被調到MMA專案行銷組擔任副主管時，主管章強也讓銀行業資歷只有兩個月的我可以盡力發揮戰力。我們在員工帶領上合作分工，他帶銀行熟手，我帶菜鳥新兵。加上他派了幾個精英同仁來幫忙，我們整個團隊就在「大家一定要成功」的共識下，被我們帶了起來。

當時，我部門有好幾個房仲業背景的新人，有些人一時改不掉從前的壞習慣。比方說在電話行銷的過程中容易對話筒另一端的客戶施壓，這一招在房仲業或許可行，但在銀行業卻行不通。幸好在銀行資歷較深的同事不斷帶領下，大家漸漸的也都把一些舊毛病改掉。

以身作則比同樂更能贏得人心

回到團隊精神，以身作則是一項很重要的領導策略。因為，新人一定往上看，看風向做事。如果全公司都很努力，新人一定也會很努力，而不努力的新人大概也過不了試用期。這無形中就會形成企業文化。

但要小心，並不是只有好的風氣會傳播，壞的典範也會讓底下的人學習。比方說，部門裡的主管個個都不做事，天天打電話炒股票。久而久之，底下的員工也會跟著有樣學樣，或者，做起事來也會散漫許多。

「反正主管都這樣了，我們又有什麼錯？」這種想法只要一生了根，整個部門就沒有未來可言。

如果公司裡有人貪污或是收回扣，最後一定所有的人都變成一丘之貉。同樣的道理，不屑這種作為的員工，遲早會另求他去。因為待在同一個環境裡，堅持要做完全不同的事，並不是一件容易的選擇。

所以，不管你是輔導員或者是主管，都請思慮一下你希望新人變成一名什麼樣的員工，然後以身作則，用你自己做為標竿，讓底下的人來跟隨。

典範權是一種參考權，並不是憑空就能得到，而是要真的能為人典範之後，才會產生。典範權需要時間累積，也需要機會創造；一旦你能做到讓新人心中覺得「有一天我要像他一樣」，你就成功了。

02

不要單打獨鬥，好前輩需要主管支持

從前面看到這裡，相信大家已經很明白新人在好前輩的帶領下，可以達到什麼樣的成效。然而，當輔導員成為真正的主管時，你就得換個角度，用主管的立場想了。所以，我想先提醒各位即將成為主管的你，不要忘記我們提過的，主管、輔導員、新人其實是黃金三角，當你換個立場時，千萬不要換了腦袋，要成為幫輔導員想的好主管。

授權、信任、適時關心

很多資深員工之所以排斥帶新人，主要是覺得這項任務吃力不討好。「因為是主管要我做，所以我不得不做，做得好是應該的，做得不好就是不用心。」如果資深員工會有這樣的念頭冒出來，我覺得主管要負很大的責任。

新人是主管選擇的，要指派哪個員工去帶領的決定也是主管下的，如果主管不能保持關心、及時給予相當支持，資深員工就像是被丟入海裡卻沒有救生裝備，只能靠自己的本事去摸索。就算最後順利把新人帶出師了，那也一定要花上不少時間。

然而，如果主管能夠讓人信任，而且會從輔導員的回報中，主動覺察問題，給予支持，那麼員工心裡就不會那麼擔憂。千萬不要讓資深員工覺得自己在單打獨鬥，而是要多鼓勵資深員工盡力去做，有任何狀況隨時回報，隨時幫助他。

充分授權、保持信任和關心回饋，在主管能展現的支持中，占很重要的關鍵。很多資深員工被賦予帶新人的責任時，會出現的最大抱怨就是：「為什麼要我來帶，我的工作又沒有減少，還要多做，這樣合理嗎？」

我覺得主管一旦聽到類似的怨言，一定要積極主動的去及時處理，不要等到員工情緒爆發了或和新人發生衝突，才想彌補。

當然，輔導員的回報很重要，也很有參考價值。當輔導員認為新人有適用性的疑慮時，千萬不可掉以輕心。

輔導員需要回報的時機

- 違反紀律。記住，法律是容忍的最低門檻。
- 超乎自己能應付的能力。
- 從來沒有遇過的狀況。
- 難以判斷輕重緩急的狀況。

壯士斷腕，不得不為

舉個例子來說，我學妹是一家網路公司的小組長，在她的組別下一共有七個人，其中一位是新人，大學剛畢業。這個新人在面試時看起來精明能幹、學校經歷也豐富，但不知為何，她實際在工作上卻老是紕漏百出。例如：叫錯客戶的名字、報錯價或把公司最底價讓客戶知道等等。

我學妹一開始耐著性子教她，後來覺得實在不行只好呈報主管。可是主管的態度是再給她機會試試看，結果試用期三個月到了繼續再延長一個月，過程中我學妹只能不斷為她收拾善後。

最後問題真的大到驚動上層主管，只好請她去別的部門。但她不願意，而請她自動請辭，她卻要求要資遣，公司怕麻煩，最後也資遣她了。

在這個案例裡，輔導員其實一直在回報，可是主管並沒有給予明確回應，也沒有深入去了解問題。最後，時間拖過去了，問題還是沒能解決，只好落得花錢了事的下場。

我個人非常贊成「開班不開除」的做法，但是這個策略的前提是，新人的狀況有所改善，以及新人的態度值得給機會。假設輔導員已經確實努力過了，就要更謹慎去思考「不適任人選的處置做法」，必要時真的要開除也是「壯士斷腕」不得不為的決定。

輔導員沒有權力決定新人的去留，這是主管應負的責任。而且不管是各種工作上的教導和考驗，最好能在試用期的期限內完成，否則萬一真的遇到恐怖新人可是後患無窮。主管若是優柔寡斷或是只想息事寧人，往往會增加問題的複雜度。

最後，像案例裡的新人，我覺得她不夠聰明，因為她雖然拿到錢，卻不一定拿得到未來。一般公司資遣員工，開立的是資遣證明而不是離職證明，未來她如果要在同業混，只要新公司打電話到她前一個公司徵信，你覺得她能夠得到任何好評價嗎？如果她始終不知道自己的問題，也不學習去自我提升，未來她不管到哪裡都還是得面對同樣的問題。老話一句，只要你不肯學，誰來教都一樣。

職場畢竟不是慈善機構，不可能在無底洞裡投資，也無法百分之百改造員工，更不可能承擔起連學校都無法教導的社會責任。一旦訓練新人的機會成本過高，企業就會選擇放棄，因為他們必須把資源保留給更適合的人選。

身為主管，特別要留意千萬不可因為姑息和得過且過的態度，而造成部門內劣幣驅逐良幣的狀況。及早發現，及早處理，及早解決問題，也避免問題擴大，是主管對於好前輩最重要也是最划算的支持。因為，如果你真的無法同時保有兩個人力，你寧可損失一名不適任員工，也不能損失一個原本勝任稱職的員工。

03 建立團隊和諧，排除衝突因素

當主管當然不容易，要制衡團隊內的力量，得有好幾把刷子。但是，只要能一個一個把員工的毛梳順，減少衝突增加，管理起來就會順手許多。

協調良好的溝通模式

中國人喜歡「以和為貴」。維持團隊和諧、凝聚團隊共識，是主管所需肩負的重責大任。不管是什麼公司、部門、團體，裡面的成員都是人。每個人都是獨立的個體，照顧的是自己的利益，防備的是各種可能的威脅。既然有各種不同的立場，彼此之間會有衝突是理所當然的事。

可是團隊內如果有衝突發生，不管是個人對個人、個人對單位，或是部門對部門，一旦衝突狀態越演越烈，對整體團隊而言，是百害而無一利。

以下歸納出四大衝突來源指標，指標越低，衝突性就越低：

·目標的不一致性

- **員工的差異性**
- **工作的相依性**
- **資源的有限性**

從圖5-3-1裡大家就可以輕易看出，四大指標有任何一項指標升高，都會造成衝突變大。如果四項指標都高的時候，會造成團隊不和諧、員工之間不信任，無法再保持原本理性的溝通模式，這時只能轉變為政治溝通模式了。

政治溝通模式

什麼是政治溝通模式呢？

以前面我學妹的例子來

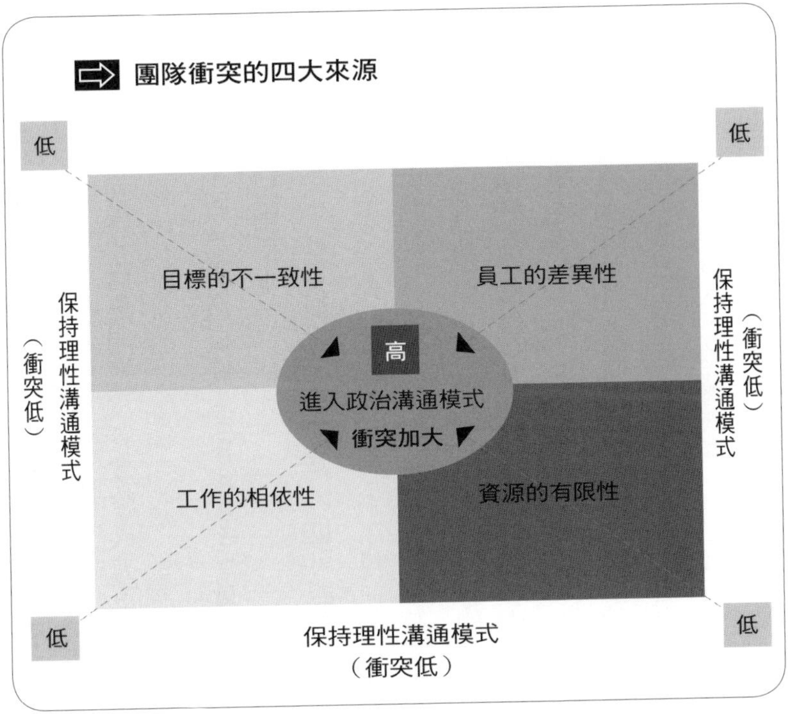

圖5-3-1

說，她對工作求好心切，但新人卻且戰且走；我學妹大新人十多歲，科班出身，新人是新新人類，騎驢找馬心態強烈。所以兩人的目標不一致性很高。偏偏兩人天天在一起工作，任務多有交雜，工作的相依性自然也高。而部門裡沒有多餘人力可以去分擔這位新人的工作，所以資源有限性也很高。

既然四個條件都屬高的情況，這個時候，政治溝通模式（out group）就會取代理性溝通模式（in group），直白的說，就是「把她搞走」。

政治溝通模式很多都是抬面下的溝通，不一定是很兇、很嚴厲，也可能很溫和、很客氣，可是目的都是一樣的，就是軟硬兼施也要達到目的。這很很迫不得已的做法。

原本和諧的團隊，在大環境的變化下也可能有所質變。當局勢所逼組織不得不再造的時候，人心就會開始浮動，擔心自己會成為變動裡的輸家。如果公司的異動不大，大家還是有共同目標，向心力足夠，這時候可能衝突還不會升高。如果員工之間同質性高，彼此容易溝通，也不容易產生齟齬或誤會。假使大家多能獨立作業，彼此相依性低，影響性也低的話，那麼不用仰賴別人也可以做好自己的事。最後，資源足夠、沒有短缺，只要度過危機還是可以恢復往日榮景，這時候主管對於要提出無薪假或是輪休等等指示，也比較會採取溫和理性的溝通方式，邀請大家一起共體時艱。

但是，如果情況剛好相反，四大指標都快速上揚，裁員整併勢在必行，原本立場衝突的角色就可能會立即運作起來。頓時砲聲連連，明來暗去，要躲也躲不掉，只能硬著頭皮面對。

以帶領新人來說，設定目標和安排工作任務還是主管的責任，如果輔導員和新人之間實在差異太大，就要盡量協助輔導員掌握異中求同的技巧，先收服新人的心才是上策。能夠給多少資源，在職權範圍裡盡量給，輔導員好做事，新人也快一點進入狀況。為了團隊績效，主管相對就必須承擔更多的責任，去盡力維繫團隊同心。

一般而言，團隊的建立主要可分成四大階段，而每個階段裡各有一些挑戰需要面對與克服（圖5-3-2）。

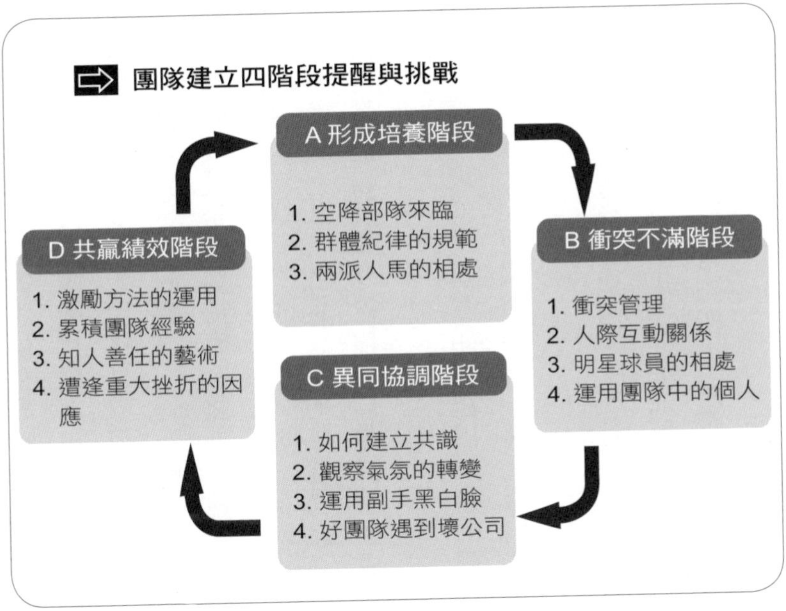
團隊建立四階段提醒與挑戰
A 形成培養階段
1. 空降部隊來臨
2. 群體紀律的規範
3. 兩派人馬的相處
B 衝突不滿階段
1. 衝突管理
2. 人際互動關係
3. 明星球員的相處
4. 運用團隊中的個人
C 異同協調階段
1. 如何建立共識
2. 觀察氣氛的轉變
3. 運用副手黑白臉
4. 好團隊遇到壞公司
D 共贏績效階段
1. 激勵方法的運用
2. 累積團隊經驗
3. 知人善任的藝術
4. 遭逢重大挫折的因應

圖5-3-2

A.形成培養階段：在這個階段裡，團隊剛形成或是組織成員有異動。其中最大的挑戰在於成員的選擇與角色釐清，而且必須要明確的設立團隊目標與組織規範。也許醜話先講在前面，遊戲規則一旦訂好，大家就都得遵守，不得任意破壞。

B.衝突不滿階段：隨著組織開始運作，還沒找到定位的螺絲，一定會開始互相爭執，相互踩線。這個時候人際互動關係與衝突管理就是首要措施。此外，關於技能的提供和壓力的紓解，也是重要的關鍵，必須適時去處理。

C.異同協調階段：為了讓團隊運作下去，你退一步、我退一步的步驟勢在必行。主管挑戰來自於如何解決問題，提供工作教導技能以及領導授權和群體決策，成為這個階段的重點。

D.共贏績效階段：當團隊終於定位成型，接下來就是要看如何激出成員的熱情，以及如何提升團隊整體績效。透過評估去確認成效，同時累積經驗，甚至得出ＳＯＰ（標準作業程序），都是這個階段需重視的問題。

最後，我建議主管可以多多建立標竿學習，在團隊裡抓頭抓尾，先抓出精英的前幾名，賦予他們輔導員的權責。然後，自己多留後一直吊車尾的那幾個，必要的時候不惜開鍘，排除組織裡的不安定因素，就能夠減少因為帶領新人而產生的衝突發生了。

04 激勵要有方法，投其所好才有效

如果身為一個主管，你希望資深員工能做好輔導員的工作，好好的把新人一個個帶上軌道，也希望新人能融入環境，認同你的帶領，你不能被動的等待。你需要主動去創造可以「教出好幫手」的環境，給資深員工足夠的支持，讓他們有成為好前輩的條件，才能期待新人帶領有預期的好結果。

員工到底需要什麼？

好主管不能不精熟激勵技巧，在深入談激勵技巧之前，我想請大家先看以下兩項調查。

員工到底需要甚麼？

・主管認為員工的需要依序：

1. 好的待遇
2. 工作的安全性
3. 升遷與成長
4. 好的工作環境
5. 有興趣的工作
6. 技術的訓練
7. 對員工的忠實
8. 讚賞員工的成就
9. 幫助員工的私事
10. 歸屬感

・員工真正的需要：

1. 有興趣的工作
2. 讚賞員工的成就
3. 歸屬感
4. 工作的安全性
5. 好的待遇
6. 升遷與成長
7. 好的工作環境
8. 對員工的忠實
9. 幫助員工的私事
10. 技術的訓練

大家可以仔細看員工和主管的回答選項，在名次上有何差異。

我之所以舉出這個例子，不是想告訴大家主管和員工總是「同床異夢」或是職場內往往充斥著「我心向明月，明月照溝渠」的悲劇；而是想提醒每一位主管在應用激勵技巧的時候，不能陷入迷思，不能一味的覺得激勵只要有給就好了。

領導與激勵的迷思就在於，**你要的我無法給或根本給不起，而你不要的我以為你很需要。一旦主管陷入這個迷思，就會與員工漸行漸遠，最後真的難以挽回了。**接著我們看另一項調查：

蓋洛普公司調查離職員工原因

1. 不受尊重
2. 沒有決策的參與感
3. 意見被輕視

⟹ 與主管有關

4. 付出與回報不相符
5. 薪資問題

結論：**百分之六十五的員工離職，其實是想離開自己的主管。**

在上述調查中，員工離職的前五大原因裡，前三項都與主管有關。這都是員工與主管互動頻率不多的結果。

如果你去追問那些員工離職的主管，他們不見得知道自己犯了類似的盲點，說不定還覺得自己明明很照顧員工，怎麼員工個個都想走。

憲哥提供一個有效的檢測公式，這是由佛洛母（V.H.Vroom）和羅勒（E.E.Lawler）所提倡的「期望理論」。佛洛母認為一個人是否受到激勵，主要係取決於下列三個因素的結合，主管可以運用這個公式，先去評估你所要提供的激勵手法，激勵後的成效有多大。

M=EIV

M：激勵的效果。

E：我的努力有沒有用expectancy（0&1），假設答案是有用，數值是1。

I：發生的可能性大不大instrumentality（0-1），數值介於0和1之間。

例如：公司去年給一億的目標，今年給一點二億。與今年給二億的目標，達成的可能性就不同。

V：我對好處的偏好值（程度）valence（0-100%），數值介於百分之0到一百之間。

例如：獎勵是峇里島旅遊、多放假兩天或給你家庭日……，員工喜歡的程度都會不同。

第一種激勵成效：$1 \times 1 \times 10\% = 10\%$

第二種激勵成效：$1 \times 0.8 \times 20\% = 16\%$

第三種激勵成效：$1 \times 0.4 \times 90\% = 36\%$

投其所好最有用

大家應該能從以上公式發現，哪一種激勵最有效？答案很簡單，就是員工想要的程度越高，激勵效果就越大。

舉例來說，當你要求員工達成業績目標，提供三種不同的獎勵，例如：一、放假一天，二、當月加薪五百，三，得到和老闆共進午餐的機會。當員工內心針對這三種不同的獎勵進行評估之後，不同的員工就可能產生不同的效果。

如果員工要的不是錢，你給再多也無法激勵他去挑戰達成目標。但是如果你提供的剛好就是員工心裡想要的，那麼激勵策略運用起來，就會有很大的成效。所以，給什麼激勵不重要，重要的是要能投其所好，好好的先了解員工，是主管首先要做的。

這可以運用在帶領新人的資深員工，或指派資深員工去帶新人的主管上。假設是後者，你希望員工可以快速帶領新人上手前，應當要去理解什麼樣的誘因可以讓他樂意去執行，盡心去完成。

也許是考績加分，也許是下一次上進階訓練課程的機會，也許是領導實習的主導權。他可以自己決定要用什麼樣的方式來帶領。如果部門裡還沒有明確的輔導員機制，主管和資深員工其實也可以打開天窗說亮話，事先談好權利義務，讓帶領者心裡有數。

也可以不妨在職位權限裡爭取或提撥一點「好幫手經費」，讓輔導員在帶領的過程中，運用一點點實質上的獎勵來鼓勵新人。諸如小卡片或是迎新聚餐的費用等等。

像我工作過的安捷倫，就是一家很有制度的公司。公司對於新人的關照，從制度本身就有一套完善的流程。除了信賴專業、合理給薪和良好的福利制度外，從我到職的第一天、第一分鐘，我就有自己的工作區域。舉凡電腦、電話、識別證、名片等等，全都一應俱全，準備妥當。

這個步驟，聽起來沒什麼大不了，但是事實上，這對於初來乍到的新人來說，能夠有一個位置安坐、熟悉，其實在心情上是很有安定效果的。

有位朋友曾經聊起他初入社會時的經驗。他說他面試通過以後，第一天上班時，主管叫他隨便找個位置坐，然後一整個上午都沒人來搭理他，由於主管不在，他也不知道自己能幹嘛，只能枯坐，連廁所都不敢去。結果中午一到，整個辦公室的人竟然全部走光，甚至沒人問他要不要一起去吃飯。那天下午，他立刻決定捨棄這家公司，另謀他就了。

他回想起當時的情況，雖然覺得自己可能有點太年輕、太衝動了，說不定到了下午主管回來，可能有不同的變化。但是，他至今仍然認為一家連新同事報到都不招呼的公司，那樣的企業文化不足以讓他為其打拚。

相較之下，我剛到安捷倫的第一天，日子就好過太多了。

我的桌子上，除了前述的各種器具資料之外，還有一張小卡片。上頭寫著「歡迎您加入安捷倫的團隊」。是我未來的工作夥伴Eva連同其他同事寫的卡片，光是這一點就很令人窩心。

經過一個早上的各部門引薦、認識，中午時間一到，部門祕書也早就訂妥公司附近的餐館，邀請大家一起用餐。不是什麼高檔餐廳，也不是什麼頂級料理，但是那一頓熱炒滋味，讓我至今仍然意猶味盡。

新人對一家企業的真正認識，是從正式踏入這家公司的第一天開始體會的，主管和員工付出多少努力，攸關新人是不是能愛上這家公司。

拿棒球的術語來舉例，就是「把打擊面擴大」。想要提高打擊率，讓球和球棒接觸的面積變大是一項關鍵，那麼，要怎麼做到呢？也許你可以「把球變大」，也或許你可以「把球棒變粗」，支持輔導員、關心新人，就是把球變大和把球棒變粗的做法。讓他們雙方的工作能有效串連、對於團隊成就更有共識，你的團隊將更有凝聚力。

05 引導大師和強制老闆要聯合出擊

如果你還不是主管，而你有心向上晉階，我建議你從輔導員時期就可以開始奠基。找到機會就多看、多聽、多練習，等你當上主管後，就會對這些策略的手法和運用時機瞭若指掌了。

善用引導力

諸位朋友，請注意看表5-5裡的字詞。請你為這些字詞分類，以「引導」和「強制」來區分，你會怎麼分？

有灰底的才是「引導」，其他的是「強制」。

每個主管因為擁有職位權和個人權，所以不只能透過專業技術和口語表達這些個人權去影響部屬，也可以依職位而來的強制權和獎懲權等，去要求員工配合進行任務。

當然，如果主管一味使用職位權，最後效果會越來越低；反倒是個人權若能提升，影響力會越來越大。

所以建議主管盡量運用引導力去領導團隊。引導力是一種「隱性說服他人」的能力，善用引導力的主管不只能展現出積極和正面的形象，也可以展現出熱情和可信的態度，讓員工覺得很安心。

但是，如果任何事都只靠引導，有時候不見得是最恰當的管理策略。比方說，有些事情員工不免會想要規避，可是為了團隊需求，主管就有必要拿出自己的魄力，確實要求員工一定要去執行，這時就需要動用強制權。

在使用強制權或獎懲權時，並不表示就是一定要擺著一張臉，或是破口大罵。而是要以堅定的態度，堅持員工必須配合，不能有所妥協或遲疑，更不能嘻嘻哈哈。非常時機要用非常手段，平常當然可以當底下員工的大哥大姐，大家好來好去。可是當任務勢在必行的時候，主管必須確保團隊動向，不能容許有人

⇨ 找找看，哪些詞是「引導」

陳述	命令	推測	專斷	詢問	探詢
挑戰	合作	說很多	聽很多	重結果	重流程
事後彌補	事前預防	尋求控制	尋求承諾		
歸咎員工	承擔責任	保持距離	進行接觸		

表5-5

唱反調或扯後腿。

所以，對主管而言，強制和引導是兩面手法，必須巧妙互用才是領導的最高真諦。

引導的四種方法

當然，領導者也可以善用以下四種手法，來強化自己與員工之間的連結，讓個人影響力增幅，最後輕鬆引導就有效果，完全不用變臉。

1. 魅力感化：這一招就是用形象來帶領，強化主管個人魅力，底下的員工都想學主管、跟主管看齊，整個團隊就很容易帶。像蘋果公司的精神領袖賈伯斯、台塑集團創辦人王永慶等等，他們就有這等魅力。不只他們的員工信服，有時連客戶、消費者也完全被他們牽著走。

2. 激發鼓動：團隊遭遇到挫折的時候，就是主管要挺身而出的時候。如果能夠靠著主管的熱情去鼓勵員工不要放棄，全力以赴、堅持到底，員工就更有信心跟著團隊一起度過難關。

3. 個別關懷：有時候員工有狀況，把員工找來的目的，不是要針對事件本身去談、去爭論、去論功過是非，而是先多了解關懷員工的想法，再透過旁敲側擊來找出答案。

4. 智力啟發：如果員工技術不好、能力不夠，主管除了可以尋求教育訓練的支持，也可以自己主動教員工，提升員工的實力。員工可以承擔難度更高的任務，主管在人力調度上也會有更多的籌碼。

我的經驗是，看情況隨機運用，有時只用一種就足夠，有時得四種輪著用。領導和管理其實要有彈性，因人而異、因時制宜，效果就會看得見。

會議是形塑主管引導力的一個好時機。有時候在講公事之前，運用一些員工較感興趣的議題或素材，發表一小段感性或趣味的談話，可以拉近主管與員工的距離，也能創造出更多共鳴。

比方說，聊最近的新聞事件、生活上的感觸、工作上發生的案子，或是平日各種閱讀得來的素材，都可以被妥善設計成一小段精采的開場白。先把員工的心、耳朵打開，再把想要傳遞的訊息傳送進去，通常會很有用。

再來，談話內容的切入點可以從主管自己比較擅長的議題切入。像我熱愛棒球，我來講棒球比賽的案例，說起來就特別精采，而且貼近實況。又或者，從員工喜歡聽的議題切入，例如：加薪或公司福利等等，也是不錯的方式。其他諸如故事、數據等等，都是可以破題的好材料。

總之，主管想在會議上發表談話，還是不能忘記「破題如剪刀，結尾如棒槌」的原則。你的聽眾就是員工，抓緊員工想聽的，你才能讓他聽進你想說的。

當然，引導力和口語表達能力息息相關，要熟練有引導力的說話技巧，只能靠練習。技巧熟練了，成功的機會就會高出許多。

一般來說，剛開始擔任基層主管的人，容易失敗。失敗的原因主要來自於本位主義和技巧不足，如果員工和主管之間存在著很大的鴻溝，甚至相互對立，主管在引導上就難有著力點。

引導失敗的原因

1. 主管的聽與問能力，比講的能力弱太多。
2. 主觀意識（預設立場）。
3. 素材錯誤。
4. 引導技巧不足（枯燥無味的表達能力）。
5. 只說「上面交代」，無法換位思考。
6. 引導不熟練，也缺乏練習機會。
7. 員工已對主管有著很深的成見。

同樣的，我們也可以避免失敗。

避免引導失敗的方法

- 多練習發問——我認為這是最重要的能力。
- 多觀察同儕的引導方法，從模仿開始學。
- 多聽聽別人的意見與看法。
- 多多觀察生活周遭的議題。
- 多多練習——成功需要簡單的事重複去做。

如果你想成為一名具有影響力的主管，你需要多練習口語表達的引導技巧，也需要累積個人的專家權與典範權。更要學習引導和強制平衡使用的節奏，讓每個人各司其職、各守其位，戰力整合。如此一來，不只你的影響力能被發揮，你麾下的團隊也必將是戰力堅強的團隊。

06 讓「過客」、「囚犯」、「抱怨者」都變身優秀「選手」

專業讓你稱職、熱情讓你傑出。輔導員對待工作的態度，其實也會感染到新人身上。透過適應的引導技巧和溝通互動，說不定可以因為你而讓新人過客、新人囚犯、新人抱怨者，全都轉念成為選手。那麼，你不只是一位好前輩，也從這個過程中突顯自己的管理能力，證明你有成為基層主管的實力。

員工分四種類型

在團隊組織裡，依據員工的心態和行動力，大概可以分成以下四種角色——「過客」、「囚犯」、「抱怨者」和「選手」（圖5-6）。

先來個別看看這幾個角色有何不同，大家也可以藉此自我評估一下自己目前正落於什麼樣的角色上。

首先是左上角的**「過客」**。「過客」的特色是「沾醬油」，也就是一般人常說的「公務員心態」，這種人來之所以在這家公司上班，很可能一開始就沒有長期深耕的打算，他可能是騎驢找馬，逮到機會就想跳走。這樣的新人不會叫不動，也會認真學，但是他就是說一動做一動，沒要求的也不打算多做，而且隨時都有跳槽和轉職的準備。

一旦部門裡的「過客」一多，資深員工就會陷入「教好新人→新人落跑→再重頭教起」的惡性循環。最後不但疲於奔命，自己還要身兼數職，完成一直交託不出去的工作任務。長期下來，連老鳥都會心

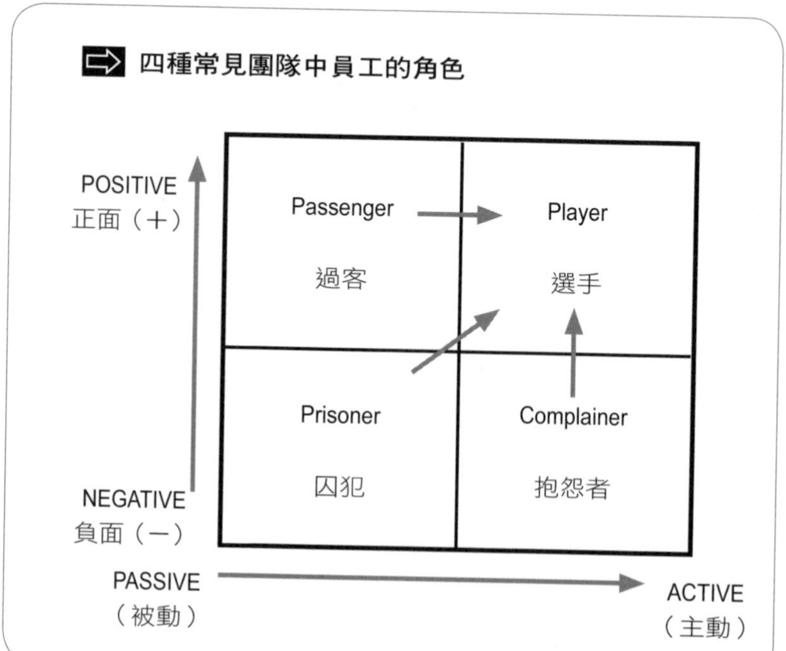

圖5-6

生倦怠、熱情消滅，被馴化成另一個「過客」。

再來是**「囚犯」**。這種人每天上班像坐牢，沒有鬥志、沒有熱情，才來上班就想什麼時候可以下班，不只做事不積極，也完全沒有學習的興趣。

為什麼「囚犯」是最麻煩的類型呢？「囚犯」最大的特色就是被動和等待，基本上就是「上班等下班，月初等月底，過年等年終」，沒上兩年班就開始盤算還有幾年可以退休。

「囚犯」不只不想在工作上追求卓越表現，也沒有打算在領域內建立影響力。每天來上班就像坐牢，只是為了出勤領薪水，什麼事都不放在心上，就算待在工作崗位上也常常呈現「放空」狀，做事彷彿是身體自動導航似的。可是一到了下班時間，「囚犯」就像出閘的猛獸般，生龍活虎了起來。

第三種是**「抱怨者」**，這種人不是不做事，但他說的話、抱的怨加起來比他做的事還來得多，可是偏偏他又不想離開，也不肯去改變自己，於是情況就像在鬼打牆一樣，落入「做事↓抱怨↓還是做完↓再抱怨」的悲劇循環中。

「抱怨者」很可能是一般部門裡密度最高的員工類型。他們雖然有能力做事，也有能力把事情做好，但就是看很多事不順眼。只要開口，抱怨、咒罵等負面言語就會出現。一個部門裡要是「抱怨者」太多，可能會形成一股反動勢力，倘若「積怨過深」卻未能及時處理，有朝一日爆發開來，對部門而言必然有所損傷。

這時候，懂得為自己未來著想的「抱怨者」，可能會往「過客」遷移，開始有騎驢找馬的心態。自我放棄的「抱怨者」則有可能會落入「囚犯」的困境，兩者同樣都會減損部門的戰鬥力。

最後一種是**「選手」**，也是最值得鼓勵的一種員工類型。這種人正如同運動場上的球員，把工作視為挑戰，熟悉職場裡的遊戲規則，懂得以爭取績效為主要目標，創造自我的成就與價值。

選手會有當責精神，你叫我幹嘛，我就幹嘛；你不叫我幹嘛，我就開始想還有什麼事情可以做。棒球場上的選手，總教練沒有叫我擴大防守範圍，可是我覺得需要擴大防守，與隊友互相照應，於是在完成自己的任務同時，我也會主動去協助他人防守。

把新人都帶領成優秀的選手

通常在帶領新人時，只要遇到這樣的新人，一定能和好前輩激盪出亮眼火花。不管是合作無間還是相互良性競爭，都是公司的福氣。

那麼，當你是主管或是輔導員時，一旦你遇到像「過客」、「囚犯」，或「抱怨者」的時候，你該怎麼辦呢？怎麼做可以把這三種類型的員工慢慢矯正，幫助他們願意往「選手」的方向移動呢？

我認為遇到「過客」時，最主要的策略就是提升熱情、刺激學習意願。同時要讓他們看到工作的價值和未來的可能性。

透過教育訓練的激勵和同事情誼的感召，很有可能會讓「過客」因此轉變為積極主動的「選手」。一般來說，讓資深員工和資淺員工共同負責同一個專案任務，增加同仁間的合作情感，對於激勵「過客」也有較大的成效。

我覺得，新人是不是「過水員工」其實是看得出來的。要不要成全過客，完全要視當時當下的情況。如果你能找到有熱情的人來接手，那何必繼續兩廂折磨？倒不如做個順水人情，祝福他海闊天空。

但是，如果一時之間根本找不到替手的人選，而任務期限又有壓力，至少過客是會把自己工作做完的類型。更何況，為了他自己未來的口碑，他不會希望搞砸手上的工作，影響到未來真正想調任的職位。說不定，當你訓練他熟悉工作技巧，指派任務幫助他融入環境，最後他甚至會想好好留下來打拚，消除轉職的念頭了。

再來，面對「囚犯」時，唯一個做法就是設定明確目標去督促。就好像獄卒一樣，明確的規範工作內容和時間進度，必要時施以強制手法，要求他們確實達成。如果囚犯的心態始終不肯改變，甚至到最後對部門產生了不良影響，那麼身為主管的人就很有必要進行評估，在情況惡化之前提早做準備。

至於面對「抱怨者」時，我覺得首先要務應該是先去了解抱怨背後的因素。到底是工作真的太多？環境支持真的太少？還是資源太過有限？有些抱怨來自於人員間的衝突，有些抱怨來自於目標和實際狀況上的落差……如果不先針對抱怨的原因去分析，很難真正解決抱怨者的問題。

事實上，很多「抱怨者」之所以抱怨，主要的原因在於「沒有被看見」。管理者若能提供舞台，適時給予正面激勵，是可以讓「抱怨者」開始尋求表現，而沒空抱怨的。另外，抱怨的產生有時是因為當下的情緒找不到出口，主管如果能真誠傾聽、尋找問題癥結去試圖解決，也往往能夠增加「抱怨者」內心的安定感。至少「我是被關心的一份子」這樣的想法，可以有效減少不被看重或被忽略的焦慮感。

在「過客」、「囚犯」和「抱怨者」之中，又以「囚犯」最危險。因為他很可能會是拖累團隊的老鼠屎，一旦人力有所抒解，就必須要盡快做處置。面對不適任的員工，只有兩條路可選，一個盡力教，二是請他走路。如果第一條路已經嘗試過卻仍然成效不彰，就該果斷的進行第二條路，否則，團隊裡將始終留有隱憂。

也許，我們每個人每隔一段時間就該自我省思一番，看看我們落入了什麼樣的角色之中。理想中，不管我們從事什麼樣的工作？待在什麼樣的職位？都應該讓自己保持在選手的心態，而不是像過客般心不在焉、像囚犯般度日如年，或是像抱怨者只剩一張嘴。

然而，假使某一個環境始終讓你無法安定、安心、積極表現，那麼也許你該考慮離開那個死水般的環境，重新去追尋你的選手職涯。

重點tips

- 一旦能做到讓新人心中覺得「有一天我要像他一樣」，你就是新人眼中的典範、專家中的專家了。
- 輔導員遇到以下狀況一定要回報主管：有違反紀律的問題、問題處理超乎自己的能力、從來沒有遇過的狀況，以及難以判斷輕重緩急的狀況。
- 團隊發生衝突時，主管不可置身事外，反而要更積極面對問題與挑戰。1.要設立團隊目標與組織規範。2.要關照人際互動關係進行衝突管理，也要提供技能和抒解成員壓力。3.透過授權和群體決策，帶領團隊異同協調。4.激勵成員熱情、凝聚共識提升團隊績效，同時也累積經驗。
- 想要輕鬆領導有四大技巧：1.魅力感化，2.激發鼓動，3.個別關懷，4.智力啟發。通常採用其中一種就有效果，有時得到四種輪用；領導和管理其實要有彈性，看情況去隨機運用。
- 團隊組織裡依據員工的心態和行動力可分為四種角色：「過客」、「囚犯」、「抱怨者」和「選手」，團隊領導的重大考驗在於如何引導前三者都變身為優秀的「選手」。

PART 6

企業有創造「好前輩環境」的責任

01 有成熟員工，才是企業的福氣

企業是由人組成的，當每個人都盡心在自己的崗位上時，企業才足以進步。當主管以為每一位新員工進來，只要指派一位信得過的員工來帶，自己就可以晾在一邊休息，那就大錯特錯了。企業必須要對每一位員工負責，無論是新的、舊的，都要給予訓練與觀察的機會，「教育訓練」在這時就扮演了重要的角色。

「好前輩」環境可讓新人快速成長

在開始談論關於人才培養的企業責任之前，我想先跟大家分享一段小故事。

有年在國慶假日前，因為車子的保養里程數到了，我在課程間的空檔中，請車廠維修人員幫愛車好好保養一下。

當然，這麼專業的事要交給專業的人來做，車子送進廠區，就沒我的事了。我帶了一本書在休息區坐著等，心想反正只是例行性的保養，應該不會等很久。

果然，沒多久，小師傅就來告訴我車子保養好了，說是換了機油跟濾芯。付完錢，安心開車回家，心裡一邊盤算著接下來的過年假期，全家可以到哪裡玩。

到了家，把車子開進地下停車場，踩著煞車等待鐵捲門開啟時，突然聽到一陣怪聲音，好像是從引擎方向傳出來的。當時我也不以為意，以為是鐵捲門的聲音，也就沒想太多。

可是，到了晚上打算帶全家出門用餐時，一啟動引擎，又再度聽到怪聲音，這才覺得奇怪。明明早上才保養好的，怎麼會有奇怪的聲響？

但是這個疑惑一直等到四天後才真正獲得解答。因為國慶日放假三天，保養廠也休假不開門。

車子開回原廠，說明原委以後，那天幫我保養檢查的小師傅立刻跳了起來，大叫：「不可能啦，我只有幫你換機油和濾芯，哪可能是因為保養而讓引擎有聲音？會不會是你自己的問題？」

他那麼激動我也沒辦法，因為車子的確有聲音，而三天來我就是開回家和開回原廠，哪能做什麼事弄壞引擎、發出怪聲音？

我們兩個僵持不下，這時，一位資深的老師傅走了出來。他聽了我們的狀況，又問了小師傅幾個問題，接著就要求小師傅把我的車頂起來，兩個人一起在引擎下方查看。

我心想，這說不定還要修很久，於是又拿著書打算到休息區邊看邊等。可是，一個章節都還沒看完，老師傅就過來跟我說，車子修好了。

我忍不住訝異的問：「這麼快？是怎麼回事？車子是哪裡出了毛病？」

老師傅才說是那天小師傅更換濾芯時，沒有把濾芯固定片上的卡榫全拴好，所以車子才會發出怪聲音。現在已經都處理好了，我可以放心開回家。

我發動車子，果然沒聲音了。老師傅不停對我說：「歹勢啦！讓你多跑一趟。」我直說：「沒關係。」畢竟問題已經解決，也沒有浪費我太多時間。

我回到家忍不住一再回想這段經歷。當我和小師傅在討論怪聲音的時候，我只知道「聲音存在」的事實，卻不知所為何來。而小師傅則急著撇清是因為他才造成這個事實的可能性。

只有老師傅什麼都沒說，拿著手電筒，從引擎室上面檢查到下面，最後甚至整個人趴在引擎上仔細聽，這才找到聲音的來源。

如果今天老師傅不在，請假或是退休了，那該怎麼辦呢？我會不會還是開著一台有怪聲音的車子，一肚子悶氣的回家呢？

老師傅的技術可以傳承嗎？能夠順利交棒嗎？

老師傅的經驗當然無庸置疑，但是如果老師傅不教，小師傅自己學要花多少時間心力才能累積到一樣的功力？

一般來說，每家企業或多或少都有人才斷層的現象，特別是一直仰賴明星球員支撐的團隊。然而，透過教育訓練的安排，以及「母雞帶小鴨」的輔導員制度，可以有效幫助企業解決青黃不接的問題（圖6-1-1）。

怎麼樣讓企業裡的每個

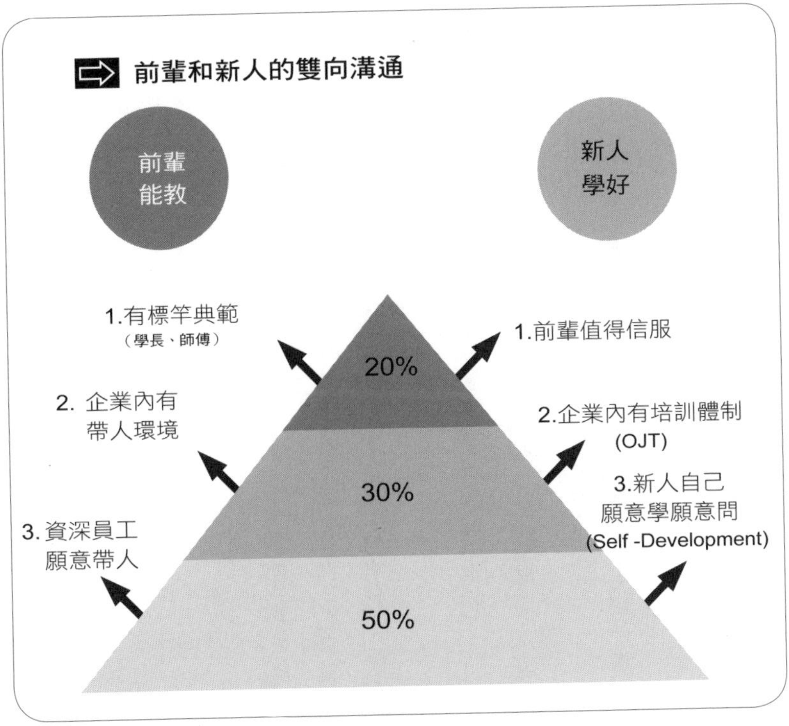

圖6-1-1

人都覺得帶菜鳥是一種光榮，我認為這是每一家企業裡的經營者需要好好思考的議題。

雙黃線無法留住好人才

如果一家公司一直在訓練新人，但新人都不能成熟，公司永遠不會擴張。如果今天公司進來兩位新人，兩位都能上手；進五位，五位都能上手；公司擴張的機會就會比較高。所以我反而會鼓勵公司，多多引進新員工，讓資深員工可以有磨鍊和培訓的機會。

我想先請大家思考一下「雙黃線的概念」。所謂的雙黃線是不能超車的。而雙黃線的組織文化特色就在於資深員工先到、跑前面；資淺員工後到、跑後面；大家排成一列，禁止超車。只要前面的人沒走，後面的人絕對升不上來（圖6-1-2）。

所以，一般企業如果是雙黃線組織，底下的人就得等上面的人升官才能升職。也就是非得上面的位置空出來了，前輩遞補完了，新人才有機會。

像政府單位就很常見雙黃線。地方官僚裡科長沒升職，底下的人是不容易成為科長的，只能一直是辦事員。

像這種雙黃線組織，好的人才可能就不容易留下來。因為不只沒有成長的空間，說不定連表現的機會也沒有。要是評估標準只是看年資而不是看實力，就算前輩升任主管，其實也難以服人。

我同意年資和經驗、實力有相關，但卻不是唯一指標。如果只看學歷或年資去拔擢人才，有時候說不定會因此錯失好人才。

無法營造讓員工想要追求卓越的環境，是企業的失策。而這個失策不只無法培

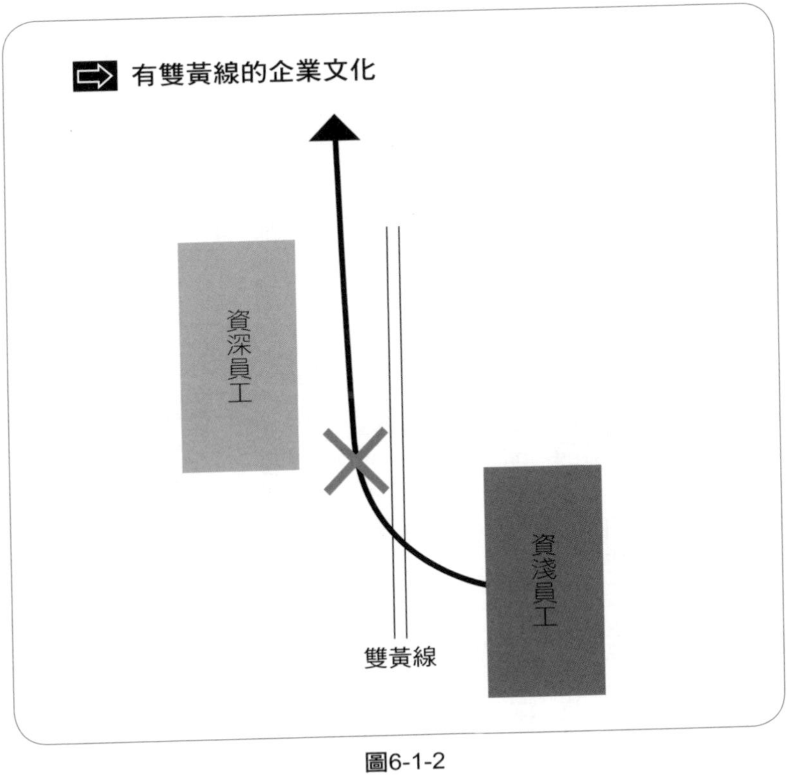

圖6-1-2

育好人才，更可能因此造成人才的流失。好人才不是被閒置在不恰當的位置上看不出實力，就是覺得未來毫無遠景而心灰意冷，到最後只剩下一群不思長進的老鳥盤踞。如此企業的成長力想必會相當低落。

企業需要成長、擴張，組織才能壯大。雖然聽起來有點八股，可是，我們不得不承認，資深員工能帶好新人，對公司而言是最大的受惠者。

大家可以仔細觀察，如果一家公司從來都不補新人，或者新人都沒位置可以升職，只好漸漸的死心另覓他途。那麼那家公司就像是一灘死水，公司的規模也絕對不會擴張。說得好聽一點是公司流動率很低，但是往壞的方向來想，就是公司裡毫無波動，也難以成長。十年前是這一群人，十年後也還是同一群人，組織裡不管好或壞都無從變革。久而久之，組織的活力就會弱化。

因此，我不得不大聲呼籲，如果貴公司想要提升競爭力，千萬不要讓企業組織升遷制度出現雙黃線。要用最好的人才，要培養最好的人才，要讓最好的人才待在最能發揮的位置上。讓資深員工帶領新人，讓新人刺激資深員工成長，如此才是讓企業滿溢活力、跟得上時代潮流的最佳策略。

02

建立輪調制度，為人力資源注入活水

「滾石不生苔」，如果員工始終保持勇於嘗試的心態，一旦在同一個職位上學習透徹，就主動跨出舒適圈。無形中一定增加了相當多的技能籌碼，什麼位置都歷練過，到哪裡都不怕。

輪調制度的必要性

主動學習和自我磨鍊，可以說是維持個人競爭力的重要法則。站在企業的角度來看也一樣。如果企業裡的員工個個都能練就十八般武藝，主管在派遣和調度上，就有更多靈活運作的空間，人力資源就更加活絡了。

很多企業設有輪調制度，時間差不多了，就必須調部門或調店。像房仲業和零售業就很常見。通常店長絕對不會在同一家店待很久，因為待久了可能會在組織裡養出一些專門投你所好的投機分子。所以，通常運作一段時間就會把你調走。除非同區之間的分店相距太遠，或是橫跨不同縣市只有一家店，就會比較難調動。

輪調制度其實有很大的好處。因為人在同一個位置坐久了，可能會累，也可能會彈性疲乏。「我很熟練了，但是有一點看不到未來。」在不知道還可以學什麼的情況，如果公司裡有輪調制度，主動提供人才轉換環境再進化的機會，就可以大大減輕員工這種焦慮感和無力感。

但是，像是比較強調專業技術性質的工作，或是工作型態落差太大，也無法強制輪調。比方說設計人員或是研發人員，不太可能會一下子調到營業單位或業務部門。所以，建立工作輪調制度的難度很高。因為部門主管會擔心，我把人帶好了，結果他跑到隔壁部門去了。而員工被輪調到新環境去，常常也會像是被打回原形，得歸零重新學起。

凡事都有利也有弊，有好的一面也有壞的一面，基本上一定要整個工作環境裡大家有輪調的默契時，輪調制度才會運作順利。

像我在台達時有轉調的經驗，也才有了人事和採購的學習機會。如果，我在企業裡找不到出口，一旦我對手邊的工作產生不適應或倦怠，最後可能就只有離開一途。

而我在中強工作身為HR主任，公司在泰國設廠時，我就得到泰國出差，負責協調伙食、交通、宿舍、制服等事宜。除了要和廠商有密切往來之外，也因此讓我覺察到，這個工作和我的人生規畫與工作期許之間有落差。不只要經常性的應酬、喝酒，讓我極不適應，加上人在國外又照顧不到家庭，很快的，我就對這樣的生活感到倦怠。

由於中強不像台達有相對的空間位置可以輪調，最後我就只能選擇離職，重新尋覓更適合我的環境。

所以，不管是員工、主管，還是企業本身，如果能抱持著不斷追求卓越和創新的念頭，一旦在小池塘裡當了大魚，接下來一定是跳到另一個大池塘裡，尋求更大的挑戰。這樣的員工、主管和企業，都會是同領域當中極具競爭力的一員，令同業關注、無法忽視。

職務代理人制度

另一個磨鍊員工的方法是，建立「職務代理人」制度。這個制度，同樣會要求員工在自己的職務之外，關照週遭同事的工作狀態，發現自己工作團隊的其他成員，需要具備哪些技術。無形中，可以幫助員工成長，推動員工往新的領域邁進，同時養成更高的眼界，學習從不同的角度看問題。

只要負責的人員休假或是臨時離職，職務代理人自然而然就要去填補空出來空缺，在必要的時候判斷如何銜接工作。假使，你身為職務代理，卻從來不去了解你需要代理哪些工作內容時，隔行如隔山，你就無法藉這個機會去窺看其他座山裡的奧妙。但是相反的，如果你平常就藉由工作互動和職務代理交接的機會，多去了解其他人的工作型態和工作內容，也許就能夠因此從學習中發現許多未來可以相互整合、貫通的能力。

最後，我想談一談「交接」。什麼時候我們會需要與人交接呢？歸納起來大概不外乎這三種情況：

1. A高升，B補位。
2. A離職，B接手。
3. A平調，B承接。

說起來，交接這件事，可以很隨便，也可以很仔細；其中的分際拿捏很重要。如果是在同一家公司裡的職務轉調交接，因為大家還是在同一個工作環境裡，以後可能也還會遇到，所以在交接的過程中會比較謹慎和認真。畢竟沒人想聽到別人說自己交接隨便、做事藏私。

而高升和補位的交接狀態，常常可能是子弟兵接班的狀況。既然底下是自己帶出來的人，合作模式可能毋須有太大變化，相對的反而容易鬆散。

至於離職型的交接，為了避免日後麻煩，離職方最好確實將每一項工作步驟和案件流向化為書面記錄。同時在交接之後要確實告知對方在什麼期限內有缺漏的可以盡量問，但是一段時間之後就不要再什麼事都問個不停了。畢竟轉換新環境以後，自己也是新人，也需要學習新工作的內容，鍛鍊新工作所需的專業能力，不可能一直重新說明舊工作的問題。

所以，越是跨越性的轉職，在交接時就越需要認真處理，最好文書資料都明確歸納整理，讓接手的人一看就明白。

認真交接的好處是，可以利用交接給新人的過程中，重新復習自己的工作內容與做事型態。透過歸納整理的過程，為新人整理出資料，也為自己留下經歷的備份。當然，並不是要你取得商業機密，而是對於自己這段工作期間的一種總復習。

03

建立明確的傳承儀式

如果企業裡的輔導員制度運作得很順暢、很完善，因此留下一套清楚的SOP流程。日後即使人事上多有異動，也可以運用同樣的經驗照表操課，讓人力養成不致中斷。

不知不覺的傳授有時更有效

根據我的經驗，很多事情把它具體化、儀式化，會比口頭上說說更有效力。

以輔導員制度而言，不管你把他稱為師徒制、導師制、領航員制度、mentor，或是學長制等等，都是一種穩定企業人力資源，解決人才青黃不接等問題的良方。

這個制度的目的是讓新進員工與資深員工之間，有一個合理又明確的關係建立。一方面給予輔導員明確的任務和形式上的授權，另一方面，新人也從傳承的過程中，獲得精準的學習，確保能夠具備工作所需的核心能力。

透過BUDDY的好夥伴精神，讓輔導員與新人之間形成好前輩與好幫手的關係。讓工作教導上的學習可以建立在一個比較輕鬆和容易接受的狀態，效果也會更加深化。

一般來說，朋友間的資訊交流，稍稍有別於公事上的交接，往往不會只著眼在具體工作程序或步驟上，而是會更深入去分享環境裡的人際關係以及相關潛規則。這種交流對新人來說，不會有太大的壓力；如果透過非正式場合來學習，新人甚至可能理解得更快。

比方說透過聊天的時候，才明白原來公司裡雖然有公司的組織結構，職位從廠長下來是經理，再來是誰等等；但是真的要說起影響力，就不見得是依職位來決定。說不定廠長底下的某個部門經理，說起話來更有份量；而採購部門裡最有影響力的不是課長，而是課長底下有十幾年經驗的超資深採購專員。

因為有了好前輩的帶領，讓新人得以在起步時減少許多阻礙，不會不小心踩到一些不必要去踩的地雷。有些職場核心能力上的需求，並不是新人自己看得出來的，但是從朋友身上聽來的，很多資訊自然而然內化成資源。

比方說，曾經有位很認真上進的ＨＲ跟我分享，他的主管兼夥伴當年曾經在私人聚餐時跟他說，要好好把握每一次辦教育訓練課程的機會。

「以後只要有外訓老師來的時候，上課時間盡量不要亂跑，有機會聽就跟著坐在後面聽，聽到了就是你的。外訓老師上課時數一堂課好幾萬，你是負責辦活動的HR，這個機會你不把握就浪費了。」

我非常同意這個說法，因為我自己也是這樣在不知不覺中，埋下了對講師工作的興趣種子，而且真的從許多教育課程或演講當中得到收穫。

建立一個真正的傳授儀式

職場人雖然離開學校，但是可以學習的事務還有成千上百，就看自己想不想學、想不想提升實力和競爭力了。而輔導員制度可以刺激他的主動學習心。我們從菜鳥學習的心態來看，如果新人前方有好的標竿典範，而工作環境又有明確制度培訓，身邊同梯進來的個個都慢慢步上軌道了，只有自己還停滯不前，很快的就會看出差異。這時，新人也會有自尊心，自然而然就會用心想學，想要讓自己表現更好。

如果新人明明真心想學，但是環境助力低落，又沒有好的前輩標竿。在這種情況下，就算菜鳥有心想要學習，也很難獲得學習成效，更可能因此對工作環境產生不信賴感，最後因而沮喪離開。

在各行各業裡，都有許多值得敬佩的老師傅。不管他們的職位高低，都會帶出一群好徒弟。或許旁人不見得明白他的典範在哪裡，但是跟著他學習的後輩，心底必然是充滿尊敬的。當前輩花費額外的私人時間來教導我、協同我處理事務、幫助我成長，受人恩惠自然會滿懷感激。

對於如何建立明確的傳承儀式，透過公開活動去宣告資深員工正式承接輔導員的職務，讓資深員工將領導新人的責任放在心上，我有幾點建議：

1. **透過部門集會活動，設定好前輩與好幫手的交接儀式**。藉由公開場合大家都看得到的機會，讓雙方許下教導和學習的承諾。

2. **透過徽章或制服顏色等相關的標籤設計，清楚指出誰是新人，誰是輔導員**。如此一來，新人有狀況，就是輔導員的責任，新人只要有任何疑問，就可以向輔導員請教。

3. **盡量安排新人和輔導員可以共同合作的任務**。幫助他們建立團隊革命情感。

像學長制度行之有年的信義房屋，當年我們只要有新進員工，就會在區週會上舉辦學長授階儀式。那時候，區週會一次會聚集七、八家店的同仁，浩浩蕩蕩加起來也有七、八十人，例行會議進行到最後十分鐘，就會把新人先一位位叫出來，接下來再一一點出負責帶領的學長。然後由各店店長將一支綁了紅線的小竹竿（類似教鞭）交託到學長的手上，象徵「我把帶領新人的教鞭交託給你」。然後店長、學長、新人一起拍照。照片就張貼在店裡，人人都看得見。哪個新人表現得很好，學長的功勞不小；哪個新人表現得很差，學長也顏面無光。

透過這樣一個簡單的儀式，就可以讓輔導員清楚明白自己的責任與義務。如果新人不學好，學長也能名正言順的指正，因為那是店長賦予他的職權。

04 有多少店長，才能開多少店

每個人都會為了自己的未來著想。在職場內爬升，獲取更高的職位，企圖賺取更多的金錢，這些都是許多人心中的目標。企業也一樣，不管在領域內的起點多麼微小，最後都希望小蝦米可以變成大鯨魚，成為雄霸一方的指標企業。

好的訓練制度對公司擴張有幫助

如果公司沒有擴張，沒有補新人，員工永遠做同樣的工作。長久下來，不只員工沒有動力，公司士氣也無法提振。

假設今天有一家企業，剛開始十家店，過了四、五年，只有新增一家店，這家新分店的店長，肯定會從原本的績優員工中拔擢。但是，其他同仁心裡會不會想，在這家公司做了四、五年，只有出缺過一個升職機會，那麼自己的未來會在哪裡？日後，如果競爭對手有擴編，也許大家就因此心生動搖了。

我到寶雅生活館上課時，常常和學員分享。我最初到寶雅上課時，這家公司只有四十四家分店，但是時到今日，寶雅已經有六十八家店，而且發行股票上櫃。從四十四家成長到六十八家，裡面增添的人力，就是寶雅幾年來吸入的新血。很顯然，寶雅是一家持續成長的企業。

想開新店就需要更多的店員，才能讓每一家店運作順利。如果，每次應徵來的新人，來一個走一個，來兩個走兩個，請問四十四家店要如何成長為六十八家店呢？所以，追根究柢，一家公司的規模之所以能夠擴張一倍，最大的因素就在於人才的成功培養與訓練。

這個狀況，也同樣意謂著企業組織會年輕化。在公司內部每三個人裡就有一個可能是新人，如何讓新人快速上手？就是公司必須要考量的了。

這時候，資深員工的帶領就格外重要。「輔導員」的制度一旦建立，許多工作上的細節，都能鉅細靡遺的傳達給新人。

建立一個學習型的組織

輔導員當久了，個人的主管先修課程也如數修完。這時專業核心能力增加到主管程度，肯定就有能力擔負主管的任務。一直到這個時候，公司才可以再進行擴編的考量，因為唯有多培育了一位主管，才能擁有擴張的實力。

很多人以為教導新人都是老闆一個人的工作，其實這並不正確。我的想法是如果每個人都能幫忙承擔一點點，整家公司就會像是一個學習型的組織，整個團隊都充滿了向上的力量。

對企業而言，建立良好的培訓制度，以輔導員搭配專業的教育訓練，讓每一個新進公司來的員工都覺得自己可以學到新東西，有向上成長的空間。這樣的企業對員工而言會有更大的吸引力，員工對企業也會有更強大的向心力。

對主管而言，從建立標準一致的團隊紀律，到樹立領導者個人的威望，都是培養優良團隊的首要任務。從生活上去關心員工的各種問題，強化員工個人職能與核心能力，知人善任而且採取因人而異的激勵模式，這些都是為人主管需要掌握的重要課題。主管千萬不要忘記，副手或輔導員是主管的一顆活棋，不管放到哪裡都能發揮作用。一旦建立了團隊中的傳承制度與倫理，主管就能借力使力，事半功倍。

對於非主管的資深員工而言，想升職、想晉階，只要有新人進來的機會，就要主動爭取，讓自己在沒有壓力的情況下，協助把新人帶好。不只給了自己磨鍊要成為一名主管的核心能力，也會在無形之中以專業建立出自己個人的影響力，我想，日後身邊的好幫手，只會一個接著一個出現，源源不絕。

團隊領導想要成功，需要團隊裡的每一份子都充分配合。憲哥期待大家透過書裡的各種技巧，盡量去工作實務上練習。未來有一天，每個人都有本事能夠成為獨當一面的優秀領導者。

重點tips

- 擁有「好前輩環境」的企業，不容易發生人力青黃不接的現象。因為平時每位員工都已經磨鍊出會做事和會教導的能力了。
- 企業需要成長、擴張，組織才能壯大。只要新人都能帶上手，人力資源就源源不絕，而且引進新員工也能讓資深員工有更多磨鍊和培訓的機會。
- 好的輪調制度可以在不更替員工的情況下，為企業注入新活力。同樣一項工作做久了，容易產生疲乏，可以經過輪調，在不同的作業環境下，員工就需要重新去調整，也能獲得不同的學習。
- 想要讓每位員工都看重帶領新人的工作，把帶好新人當成自己的責任。企業有必要針對輔導員這個角色有更多的尊重和資源提供。透過公開的傳承儀式，等於是公開賦予員工領導的責任，而提供相關的職務補貼或相關資源激勵，也可以讓員工更有心參與。
- 不是開多少店去請多少店長，而是培育了多少店長才能開多少店。人才培育的機制與企業成長規模有密不可分的關係，好的培訓制度可以鼓勵員工積極成長，也可以藉此凝聚企業向心力。

結語

今天開始，在電腦D槽裡開個「教出好幫手」的資料夾吧！

如果你是新人，你前方有好前輩可以學習，現在就把你所觀察到的好前輩模樣記錄下來吧！不會的地方，更要仔細整理、虛心請教，務必找到答案為止。最好也能把自己從發現問題到解決問題的過程筆記下來，日後回顧時，你不只會明白答案是什麼，更會明白你是怎麼樣找到答案的。

未來有一天，你從新人的身分畢業了，就可以運用這些筆記，幫助自己更順暢的處理手邊的工作事務。無論輔導員會不會一直在身邊，至少你會有一份詳細的資料可以參考。

等到你工作年資到達一定程度，部門裡有新人進來，主管希望你來帶時，你一定會比其他人更容易上手。

你也會開始加入管理和領導方面的學習，等待晉身主管的契機。

加油吧！讓自己成為一名不可或缺的人才，帶出一位又一位的好幫手。說不定有一天，你能站上領域的高峰，到時候憲哥會真心為你鼓掌喝采。

專家分享

當菜鳥主管遇上資深部屬

李雨師

商管學院訓練出來的ＭＢＡ學生，經過幾年的職場磨鍊，其專業能力都有一定的水準。有些人甚至是拚命三郎型，凡事親力親為、要求完美。這種人通常很快當上主管，但若事前沒有搞清楚狀況、自己心態沒有調整好，往往容易在管理職上敗陣下來。

學理上，常將管理者進行管理時，所具備的能力區分為三種：

1. 概念化能力（conceptual competencies）：是指一個人在分析與診斷複雜情境的心智能力。他們幫助管理者了解事情是如何組成，並有助於做出好的決策。
2. 人際關係能力（interpersonal skills）：是指管理者與他人共事、了解、指導與激勵他人的能力。因為管理者是透過他人來完成事情，因此他們必須具備良好人際關係的技能。
3. 技術能力（technical competencies）：是指一個人使用某一特別領域的知識或專業能力。

其中，概念化能力和人際關係能力是所有主管的重點工作內容，也是新手主管最為缺乏的，尤其是那些靠著專業表現脫穎而出的人。人們習慣用過去成功的方式去做事，過去的成功從而形成自我意識，單憑自我意識是不足以勝任管理職的。新手主管面臨的處境是，一方面想著如何創造績效，另一方面又要想著如何帶領部屬，如果部屬又都是元老級員工，更是接掌新職後的一大挑戰。

新手主管的第一要務是減少對於技術性工作的直接責任，將工作分派給你的團隊，並給予團隊支持。事必躬親不但累壞自己，也亂了管理步調，部屬缺乏參與感，也很難共同努力朝目標邁進。

其次，善用「影響力」取代「威權」。新手主管的部屬可能就是先前共事的同事，其中有些甚至都還比你資深。當菜鳥遇上老鳥，展現你的威權實在討不到甚麼便宜。影響力的來源包括專業、過去的工作經歷、工作投入與人際關係，其中前三項來源是新手主管較能掌握的，而人際關係包含對上、對下以及平行關係。在此，將重點放在對下的關係，以提供菜鳥主管遇上資深部屬的一些建議。

「菜鳥主管遇上資深部屬」其實只是諸多領導情境當中的一種，學理上的費德勒模式（Fiedler contingency model）正可提供一些解釋與建議。

此模式認為有效能的群體績效，取決於領導者與其部屬之間的互動風格，以及情境所給予領導者的控制和影響力兩者的適當配合。

費德勒提出三項用來界定對領導效能有所影響的情境因素：

1. 領導者和部屬關係——部屬對領導者的信心、信任與尊重的程度。
2. 任務結構——部屬工作指派的結構化程度，指工作內容是否按部就班、有組織、有步驟。
3. 職位權力——領導者所擁有的權力，諸如雇用、解雇、訓練、升遷和加薪等。

當領導者與部屬的關係良好，工作任務有組織性，領導者很有權力，此時宜採用「以工作為主」（任務導向）的領導方式。當領導者與部屬的關係良好，但工作任務沒有結構，而領導者的權力很弱時，則宜採用「以人員為主」（關係導向）的領導方式。新手主管可依上述三項情境因素，來調整自己對於資深部屬的領導方式，分別可從三個層次來檢視、調整。

組織與環境層次

首先，評估你被指派的任務複雜程度，並釐清自己的角色定位，因為這牽涉到你指派給部屬的任務結構以及你的職位權力。接著，瞭解你有多少資源可以運用，包括人力、資金、時間，以及公司內部支援網絡的可使用程度，因為有些內部資源與支援未必是你能掌握運用的。

團隊層次

面對資深部屬，新手主管更應投入時間了解他們的工作內容，以及他們在公司內擁有哪些「看不到」的資源與關係。並且試著和一些值得信任的部屬建立同夥（in-group）關係，藉由同夥關係培養團隊認同，化資深部屬可能帶來的阻力為助力。此外，新手主管和資深部屬的關係，最好維持有點黏又不會太黏，以免未來需要懲戒時無力可施。適時徵詢資深部屬的意見也是不錯的方法。讓資深部屬參與計畫的擬定與執行，他們會感受到被重視，更願意發揮所長，協助組織達成目標。

新手主管時時在學習面對不同的部門、不同的人，建立不同的工作關係，善用與資深部屬的互動關係，將是在各方衝突力量取得平衡的方法之一。

（本文作者為中原大學企業管理學系助理教授）

學員分享

憲哥能言善道、才思敏捷、英姿煥發、氣宇軒昂、是我的良師益友。他的課程香甜如蜜，令人嚐了神清氣爽，回味無窮。

業務九把刀作者　林哲安

說出影響力，讓我勇敢說出心中夢想，不再渺小；行動的力量，讓我勇往直前追求夢想，永不後悔。

新竹法蜜樂義大利餐廳副總經理　許家豪

憲哥是與學員最沒有距離的講者。在他親身示範的熱血同時，也清楚說明觀眾的需求，這讓我受到莫大的啟發。

台大機械系四年級同學　劉知昂

憲哥是堅持夢想、勇敢突破自己，設定目標跟自己賽跑的人。他是我學習的標竿與典範，一位具有行動力量的超級講師。

台灣產物保險營業副理　葉美惠

文憲的工作熱情，就像運動員出場時般的著魔與充滿拚勁，不論成功或挫敗都甘之如飴。歡迎您和他一起浸淫於美麗的人生賽事！

武陵高中同班同學　李詩鴻

憲哥將嚴肅的課程，巧妙的運用幽默與熱情的互動方式傳授，影響學員至深。這是他用心與堅持的正面積極力量！

ck watch & jewelry 零售業務主任　陳秋嫻

上憲哥的課，就像聽五月天的歌一樣，給了我許多力量，讓我有決心與勇氣做出改變，挑戰生命中其他「可能」。

台新銀行教育訓練承辦襄理　劉榮哲

「下雨天是勇者的天下。」別人看待雨天是困境，憲哥卻認為是機會。說憲哥是「行動力」的完美代表，我想這是無庸置疑的。

文大工管所99級在職專班　莊琇婷

專業讓您稱職，熱情讓您傑出。憲哥不僅教道理，更讓我們深切感受到他的專業與熱情，憲哥如導師般的身教，對我們有正向影響。

特力屋屏東店銷售經理　李亞澍

參與內部講師訓練，充分感受憲哥的熱情與專業，傳達知識並引導我們透由口語表達與肢體語言展現魅力，憲哥是我最崇拜的講師！

永豐金證券人資處　丁愛鈺

憲哥透過輔導員課程，讓學員瞭解傳承與分享知識的重要；憲哥追逐夢想築夢踏實的行動力，是我學習的榜樣。

寶雅生活館人力資源部　劉俊良

憲哥在場，絕無冷場！他活潑生動的授課方式，讓學員在歡笑中將管理知識輕鬆入袋！他的努力，毅力加實力，更讓人佩服不已！

台新銀行人資處訓練發展組經理　何琇菱

行動是創造力量的必經之路，說出即是影響力的開始。憲哥用熱情展現行動！用文字貫徹影響力！

永豐金證券台南分公司經理　王婉琪

上憲哥的課，就像一齣好戲，忍不住想分享，忍不住期待下次。如果您還沒有參與過這部好戲，這本書將是您的最佳選擇！

台新銀行淡水分行經理　鄧蕙青

憲哥現身說法，用《行動的力量》感動了采盟近千名在桃園機場第一線服務旅客的國門大使。而《說出影響力》更是傾囊相授了簡報的訣竅與精華，讓采盟主管們在讀書會時獲益良多！

采盟人力資源部經理　陳秀玲

學習的宗旨是為了勾勒美麗的圖畫，朝向那幅美景的地圖就是前進的關鍵。憲哥不僅是路徑的規劃者，更是一位身負使命帶領眾人邁向美景的啦啦隊長。保有三分憲哥精神，方向就對了！掌握七分憲哥精神，成功就不遠了！注入滿載十分的憲哥精神，卓越就是你了！

Career就業情報訓練主任　簡佳慧

簡單的事重複去做，聽起來很容易，做起來常忘記！受到憲哥mentor課程的影響，讓我更能有系統的帶領並指導團隊成員！

寶雅生活館店長　林煒哲

一點改變，透過行動，延伸力量；一句話語，經由傳遞，感染擴張。憲哥給了世界變得更好的能量。

台新銀行　王日宏

憲哥是我的壓箱寶與祕密武器，只要請到憲哥授課，總能讓學員收穫滿滿、感動不已。憲哥的為人、著作與課程，全都值得細細品味。

崇越電通HR協理　王至中

憲哥是一位渾身是勁且極具影響力的講師，不論是跟他合作，還是上他的課，您都能從他身上學到熱情、積極與勇氣。

信義房屋仲介三處桃園行政專案經理　丁玉芳

心靈會沉默隱藏、視野會狹隘潛行、能力會低盪懈怠。透過憲哥的課程與書籍，總能喚醒並砥礪我們，讓工作與生活的熱情再度熠熠生輝。

台哥大人力資源部　黃星凱

因為憲哥，讓我失意時變得更有活力，得意時變得更謙虛，這是我擁有的行動力與影響力，相信將來會成為震撼力。

忠實讀者　林錦玉

同樣身為講師，鋪梗、掌握氣氛也許都會，但將其拆解、分析並示範就不容易。光是如何講故事，就對憲哥佩服不已。

益讀俱樂部創辦人　陳瓊華Robin

理論與實務，文武雙全的憲哥，總有最到位的詮釋。資深與資淺、主管與非主管，憲哥總能啟動你的正向能量。

批發零售業人資部資深經理　張淑萍

亦師亦友的憲哥，透過熱情活力的演說，鼓舞了我無限的正向能量。憲哥簡單且深富涵意的文字，值得細細品味、深深體會！

凌陽科技人資管理師　劉佩如

憲哥的文字與課程，就像武功祕笈般的傳授人生智慧。在憲哥身上所感染到的專業，熱情與行動的力量，也是此生最寶貴的收藏。

永豐銀行　阮彩媚

沒上過憲哥的課，只知把所學都教新人，卻忽略帶人應是讓他做給你看。要當好老師，需學習更多的教導技巧！

寶雅生活館店長　林家宇

聽憲哥上課，總有一股被他感染的力量所吸引，他對學習及工作的執著，印證了他常說的，成功只留給「堅持到底」的人。

清河國際副理　陳家仁

文憲不管手上有怎樣的牌，總可以發揮到淋漓盡致；不管怎樣的場，都可以散發能量，吸引聽眾的目光。他是個帶給社會正面提升的實踐者。

逢甲企管系同班同學　林佳莉

國家圖書館出版品預行編目資料

教出好幫手(全新封面)：想當好主管，先學會教人
／謝文憲作 . -- 二版 .-- 臺北市：春光出版：家庭傳
媒城邦分公司發行, 民104.12

面 ； 公分. --

ISBN 978-986-6572-98-2（平裝）

1.職場成功法

493.35　　　　　10101358

教出好幫手(全新封面)
想當好主管，先學會教人

作　　者／謝文憲
企劃選書人／林潔欣
責 任 編 輯／林潔欣
採訪　撰文／游嘉惠

行 銷 企 劃／周丹蘋
業 務 主 任／范光杰
行銷業務經理／李振東
總　編　輯／楊秀真
發　行　人／何飛鵬
法 律 顧 問／台英國際商務法律事務所　羅明通律師
出　　　版／春光出版
台北市104中山區民生東路二段 141 號 8 樓
電話：(02) 2500-7008　傳真：(02) 2502-7676
部落格：http://stareast.pixnet.net/blog
E-mail：stareast_service@cite.com.tw
發　　　行／英屬蓋曼群島商家庭傳媒股份有限公司城邦分公司
台北市中山區民生東路二段 141 號 11 樓
書虫客服服務專線：(02) 2500-7718 / (02) 2500-7719
24小時傳眞服務：(02) 2500-1990 / (02) 2500-1991
讀者服務信箱E-mail: service@readingclub.com.tw
服務時間：週一至週五上午9:30～12:00，下午13:30～17:00
劃撥帳號：19863813　戶名：書虫股份有限公司
城邦讀書花園網址：www.cite.com.tw
香港發行所／城邦（香港）出版集團有限公司
香港灣仔駱克道 193 號東超商業中心 1 樓
電話：(852) 2508-6231　　傳眞：(852) 2578-9337
E-mail : hkcite@biznetvigator.com
馬新發行所／城邦（馬新）出版集團【Cite(M)Sdn. Bhd.】
41, Jalan Radin Anum, Bandar Baru Sri Petaling,
57000 Kuala Lumpur, Malaysia.
Tel: (603) 90578822　Fax:(603) 90576622
E-mail:cite@cite.com.my.

封 面 設 計／黃聖文
內 頁 排 版／浩瀚電腦排版股份有限公司
印　　　刷／高典印刷有限公司

■ 2012 年（民101）6 月 28 日初版
■ 2022 年（民111）8 月 29 日二版 4 刷
Printed in Taiwan

售價／280元

版權所有・翻印必究
ISBN　978-986-6572-98-2
EAN　4717702092467

城邦讀書花園
www.cite.com.tw

廣	告	回	函
北區郵政管理登記證			
台北廣字第000791號			
郵資已付，免貼郵票			

104台北市民生東路二段141號11樓

英屬蓋曼群島商家庭傳媒股份有限公司

城邦分公司

請沿虛線對折，謝謝！

遇見春光・生命從此神采飛揚

春光出版

書號： OK0081X	書名： 教出好幫手（全新封面）：想當好主管，先學會教人

請於此處用膠水黏貼

讀者回函卡

謝謝您購買我們出版的書籍！請費心填寫此回函卡，我們將不定期寄上城邦集團最新的出版訊息。

姓名：____________________

性別：□男　□女

生日：西元________年________月________日

地址：____________________

聯絡電話：____________ 傳真：____________

E-mail：____________________

職業：□1.學生 □2.軍公教 □3.服務 □4.金融 □5.製造 □6.資訊

□7.傳播 □8.自由業 □9.農漁牧 □10.家管 □11.退休

□12.其他 ____________________

您從何種方式得知本書消息？

□1.書店 □2.網路 □3.報紙 □4.雜誌 □5.廣播 □6.電視

□7.親友推薦 □8.其他 ____________________

您通常以何種方式購書？

□1.書店 □2.網路 □3.傳真訂購 □4.郵局劃撥 □5.其他 ________

您喜歡閱讀哪些類別的書籍？

□1.財經商業 □2.自然科學 □3.歷史 □4.法律 □5.文學

□6.休閒旅遊 □7.小說 □8.人物傳記 □9.生活、勵志

□10.其他 ____________________

請於此處用膠水黏貼

千萬講師的
百萬課程系列
Courses Worth Millions

千萬講師的
百萬課程系列
Courses Worth Millions

千萬講師的
百萬課程系列
Courses Worth Millions

千萬講師的
百萬課程系列
Courses Worth Millions